深层碳酸盐岩缝洞型油藏井间连通定量预测技术

张冬丽　康志江　刘坤岩　著

中国石化出版社

图书在版编目(CIP)数据

深层碳酸盐岩缝洞型油藏井间连通定量预测技术 /
张冬丽，康志江，刘坤岩著 . —— 北京 ：中国石化出版社，
2022.4

ISBN 978-7-5114-6613-6

Ⅰ.①深… Ⅱ.①张… ②康… ③刘… Ⅲ.①碳酸盐
岩油气藏-井网(油气田)-连通-定量分析 Ⅳ.
①TE32

中国版本图书馆 CIP 数据核字(2022)第 041890 号

中国石化出版社出版发行

地址:北京市东城区安定门外大街 58 号
邮编:100011　电话:(010)57512500
发行部电话:(010)57512575
http://www.sinopec-press.com
E-mail:press@ sinopec.com
北京柏力行彩印有限公司印刷
全国各地新华书店经销

*

787×1092 毫米 16 开本 11.25 印张 271 千字
2022 年 6 月第 1 版　2022 年 6 月第 1 次印刷
定价:98.00 元

前言

缝洞型油藏有较强的非均质性且因基质结构极其致密而不具有储集和渗透作用，其储集空间由大小不同的溶洞、裂缝带、溶蚀孔隙和微裂缝组成，结构复杂且均埋藏较深。作为缝洞型油藏注水开发工作的基础，正确认识缝洞单元的连通关系非常重要。只有明确连通关系，才能有效判断注入流体的运动方向和波及情况，对进一步划分缝洞单元、部署井位、优化高含水期各类工作措施、提高采收率、保持油田持续发展意义重大。

本书首先介绍了以静态、动态两种手段进行缝洞油藏井间连通性研究的相关成果，继而介绍了从油藏地质和开发动态的角度来优选能有效表征连通通道静动特征的参数，基于模糊综合评判的连通通道评价、示踪剂测试综合解释、连通性时变评价等研究成果，介绍了所形成的一套缝洞型油藏井间连通评价软件 V2.0，最后详细介绍了塔河实际缝洞单元井间连通性判别的实例。

本书共分为 7 章：第 1 章回顾了国内外井间连通性定性研究方法，第 2 章介绍了缝洞体连通路径智能识别方法，第 3 章介绍了基于压力叠加原理的井间连通性定量研究方法，第 4 章介绍了基于注采控制单元的井间连通性定量研究方法，第 5 章介绍了基于补偿电容模型的井间连通性定量研究方法，第 6 章介绍了缝洞型油藏井间连通性软件平台，第 7 章介绍了缝洞单元井间连通程度应用实例。

本书编写过程中得到了中国石化科技部、石油勘探开发研究院、西北油田分公司领导和专家的大力支持及帮助，同时得到了中国石化首席专家计秉玉的悉心指导，在此一并感谢。

本书由康志江统一设计和定稿，第 1 章由张冬丽执笔，第 2 章由刘坤岩执笔，第 3 章由张冬丽执笔，第 4 章由张冬丽、赵辉执笔，第 5 章、第 6 章由赵艳艳、张冬梅执笔，第 7 章由张冬丽、吕铁执笔。

由于编者水平有限，文中如有不妥之处，敬请批评指正。

目录

1 国内外井间连通性定性研究方法

油藏的井间连通性包括利用静态和动态的手段研究的连通性。静态手段主要包括利用测井解释的结果进行地层对比和地震横向预测。它研究的实际上是井间储层的连通性。但对于小层厚度较薄，油层、水层和油水同层分布交错复杂的情况，井间的横向对比以及测井资料等就很难确定地层的连通性，对比的正确性也很难保证。

而实际上影响油水井生产状态的关键是井间流体的连通性，这种连通性只能利用动态的手段才能获得，包括压力系统分析、试井、油藏数值模拟、示踪剂测试、地球化学及动态反演等方法研究油藏的连通性。

在国内，能够认识油藏连通性的试井方法包括干扰试井、脉冲试井和不稳定试井。但是干扰试井和脉冲试井要改变井的工作制度，测试本身周期也较长，势必影响油田的生产计划，而且高精度的压力计成本高。在油水井多的油田，井的工作制度改变经常发生，这都会抵消或干扰观测井的观测信号。实际上，塔河油田只有较少的井做过干扰试井的试验。廖红伟等（2002）根据不稳定试井压力恢复理论和叠加原理推导了一口井进行压力恢复测试时，邻井生产对该井压力恢复曲线形态造成的影响，从而判断这两口井之间的连通性，这实际上是拓宽了单井不稳定试井的应用范围。

张钊等（2006）应用示踪剂技术评价了低渗油藏油水井间连通关系，并采用数值模拟技术拟合了示踪剂流体突破时间、主流通道数、示踪剂产出曲线变化规律等。但数值模拟法需要掌握油藏全面的静、动态资料，这些参数要准备齐全是非常困难的。

尹伟等（2002）、文志刚（2004）根据"井间小层的原油色谱指纹特征相似则井间小层连通"这一原理，利用气相色谱指纹技术对沈家铺油田的油藏连通性进行了研究，结果表明这项技术研究断块间油藏连通性是可行的。

压力资料是判断井间连通性最直接的资料。压力系统的分析是判断井间连通性的重要依据。由于地层各处原始折算压力近似相等，开采期间，各井地层压力下降趋势、各井产量递减趋势类似，根据各井原油密度、组分一致等信息来判断井间连通性是现场运用最多的方法。

在油田长期开发的过程中，所采取的各项措施会改变井间的连通性。由于生产动态资料能够实时地反映地下储层的连通状况，而且也是油田现场最容易测得的资料，杨敏（2004）、漆明辉（2009）利用"类干扰试井"方法将大量油井动态数据资料

(油压、油嘴变化、产量、含水率、原油密度等)进行井组分析，以相邻井为基本单元，利用开发过程中的井间干扰信息，如新井投产、工作制度改变等，在邻井观察能否受到干扰信息，如果存在井间干扰现象，说明井间是连通的。

金志勇等(2009)基于时间序列分析方法，把油藏视为一个黑箱非线性系统。针对注水开发油藏，建立井组非线性自回归滑动平均模型，注水井的注水量视为油藏系统的输入信号，生产井的产油量、产水量、含水率和井底压力视为对输入信号的系统响应。通过这个非线性系统的敏感性分析确定生产井和注水井的动态连通关系，并且根据模型可以预测下一个时间段生产井的动态响应。

中国石化开发先导项目"基于生产资料的井间动态连通性反演方法研究"，基于系统分析的思想，把油藏的注水井、生产井以及井间通道看作一个完整的系统，确定注采信号在油藏中的传播特征；引入信号处理技术，结合油藏的地质条件、物源条件和压力，建立激励(注入量)和反应(产液量)之间的系统分析模型并进行求解，形成利用动态数据反演油藏井间动态连通的实用技术。

西北局研究院针对 973 项目中的研究成果指出：利用断裂密度、溶洞钻遇率、平均洞高、注水、生产动态响应特征、示踪剂等进行综合判断，建立了多井缝洞单元动静综合连通分级标准。"十一五"国家重大专项专题"碳酸盐岩油藏影响采收率关键因素研究"中，基于单元内单井间生产动态干扰特征的强度和示踪剂反映的连通程度，将井间连通状况进行了分类。

针对缝洞型碳酸盐岩油藏井间连通表征方法，近几年研究人员有所研究，但涉及定量的表征方法没有相关研究。除了国内提到的分析井间连通性的常规手段之外，国外这方面的工作主要是通过分析油田动态数据，研究注采量的相关关系，从而反演出油水井间动态连通性情况。

Albertoni 等(1992)应用概率论知识模拟了油藏非均质性和连通性。Malik(1993)进行了油藏描述、地质统计学、生产信息和油藏工程的整体研究，油藏推断井间水力连通，从而判断油藏井间连通性。Canas(1994)引入了流体产能系数，进一步分析了油藏井间连通性，并做了水驱动态估计。Hird(1995)结合动态生产数据和地质统计学来判断井间连通性。Heffer 等人(1995)采用了 Spearman 秩相关分析判断井组间连通性，并利用斯皮尔曼相关系数建立了一注一采的关系模型，首先提出油藏的连通情况可以通过注采井产量变化关系来体现，还结合地质力学分析了井组关系。Refunjol 和 Lake 等(1996)同样利用该方法，提出了通过相关系数大小来确定油藏中油水流动方向的实用方法，分析了注入井及其相邻的生产井，并考虑了井间信号的时滞性。Jansen 等人在此基础上指出油水井的实际动态数据并不稳定，存在噪声，建议把开发过程中油水井的压力也考虑在内。Sant Anna Pizarro(1998)在此基础上用数值模拟验证了 Spearman 相关分析法，并指出了该方法的优点和局限性。Pand 和 Chopra(1998)应用人工神经网络分析了注采井组间的连通关系，并将研究结果应用到了水驱油藏数值模拟当中。Soeriawinat 和 Kelkar(1999)采用了 Spearman 秩相关分析研究注入井和相邻生产井的关系，并通过叠加原理提出了注入信号的相消干扰和相长干扰。Araque，Martinez(1993)和Barros、Griffiths(1998)也做了这方面的工作。Albertoni与Lake(2003)采用多元线性回归解决井间连通问题，并取得了较好的效果。该模型回归出定量表征井间连通程度的权重系数。

Yousef(2006)等利用多元线性回归分析，考虑了压力数据以及注入信号的时滞性、衰减性特征，建立了基于注采数据、压力数据的压缩模型。Anh Dinh(2007)等人利用压力数据建立了注采井间井底流压的关系模型。

也有部分学者应用其他数据和工具来研究油藏井间动态连通性，例如：Udemiryurek(2008)等应用基于敏感性分析的神经网络来判断注采井间关系；D A Hutchinson等(2007)利用井下温度来导出油藏连通性。

总的来讲，目前国外关于井间动态连通性反演技术的研究方法比较单一，没有对油水井动态资料信号的噪声、信号传播的时滞性、衰减性和井间干扰问题进行系统研究。因此有必要系统地研究注入信号在油藏中的传播特性，建立一套矿场实用的井间动态连通性反演技术和系统软件(见表1-1)。

表1-1　动态法计算井间连通系数模型特点

模型类别	模型特点
压力响应模型	实测压力数据不充足、不连续，导致方法不实用
注采关系模型	没有考虑生产井本身及其他生产井的干扰影响
注采和压力数据弹性模型	只考虑本井的初产和井底流压的影响，没考虑其他生产井的干扰
改进模型	考虑本井的初产(地层原始能量)和井底流压的影响，考虑其他注入井、生产井的干扰

油藏的井间连通性包括利用静态和动态的手段研究的连通性。静态手段主要包括利用测井解释的结果进行地层对比和地震横向预测，它研究的实际上是井间储层的连通性。动态手段包括压力系统分析、试井、油藏数值模拟、示踪剂测试、地球化学及动态反演等方法研究油藏的连通性。

1.1　利用油藏构造和储层分析井间连通性

不同构造部位的溶蚀高地其储集体连通情况不同，相对而言，在孔洞缝比较发育的部位，连通性可能较好，连通范围可能较大；反之，在孔洞缝比较欠发育的部位，连通性可能较差，连通范围可能较小。在某些部位可能以横向连通为主，在某些部位可能以纵向连通为主。油层剖面图上反映了各井油层在纵向上的位置，在同等注采压差和注采距离(注入层和采出层)下，注入水(示踪流体)从低部位的井优先突破，再次是较高部位，这个结果可以与示踪监测的响应时间顺序相互印证。但对于小层厚度较薄，油层、水层和油水同层分布交错复杂的情况，井间的横向对比以及测井资料等就很难确定地层的连通性，对比的正确性也很难保证。

1.2　利用油藏流体性质分析井间连通性

从理论上讲，如果油藏是相互连通的，混合作用可以部分或完全消除原油在运移成藏过程中造成的组分差异。反之，如果油藏是分隔的，那么由各种原因（油源差异、原油在油藏内的生物降解作用等）造成的流体非均质特性将长期保存下来。分析油藏各部为流体的组分和物性差异及其在开发过程中的变化，油田范围内的流体组成的非均质性，可作为推断油藏内部垂向和横向分隔性的依据。

1.3　地层压力变化趋势法判断井间连通性

压力资料是判断井间连通性最直接的资料。压力系统的分析是判断井间连通性的重要依据。

利用压力资料研究井间连通性基本思路是：从理论上讲，岩溶缝洞型碳酸盐岩油藏的同一单元应具有相对一致的压力降落或压力变化趋势。如图 1-1 所示，按时间先后，压力的下降趋势是一致的，不同缝洞单元应具有不同的地层压力变化特征。

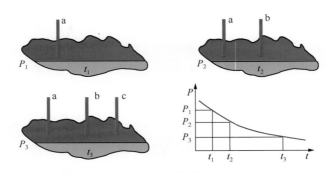

图 1-1　地层压力变化特征分析法原理示意图

要获得地层压力资料，除利用压力计进行直接测量外，为了得到更多的地层压力数据，可采用以下方法：

（1）由于压力恢复测试时间较长，压力数据可靠，因此首选压力恢复测试得到的地层压力数据。

（2）DST 测试如果能够见到径向流直线段，那么其求得的地层压力也是可靠的。

（3）如果没有压力恢复及 DST 测试资料，则在静压测试中选择较可靠的压力作为地层压力。

（4）利用了系统测试的资料求取地层压力，即在 IPR 曲线上，产量为零时的流压即为地层压力。

在进行压力折算时，要利用静压梯度，其原则是利用距测试时间最短的静压梯度。

1.4 井间示踪测试技术判断井间连通性

井间示踪技术的基本原理是：参照监测井井组的有关动静态资料，设计监测方案，选择、制备合适的示踪剂，在监测井井组的注水井中投加示踪剂，按照制定的取样制度，在周围生产油井中取样，在特定实验室进行分析，获取样品中的示踪剂含量，同时绘制出生产井的示踪剂采出曲线，通过综合分析监测井井组的示踪剂采出曲线和动静态等相关资料，最终得到注入流体的运动方向、推进速度、波及情况等信息。通过制作示踪剂产出曲线图中是否有突破点，可以知道取样井是否见到示踪剂(见图1-2)；根据示踪剂突破的时间可以定性分析注采井间流体流动的速度快慢；根据曲线的峰值个数，可以推测注采井之间有几个主要渗流通道；根据示踪剂累计采出曲线的形态，可以判断注采井之间的流动是以均匀推进的渗流方式为主还是以个别高渗通道的方式为主。

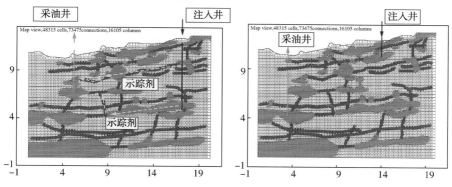

图1-2 井间示踪剂测试过程示意图

以下是我们用示踪剂测试结果分析井间连通性能用到的各个分析指标。

（1）示踪剂监测曲线。

示踪剂监测响应的判断依据为：

① 示踪剂监测曲线具有明显连续的且上升为不规则的峰形曲线，如 TK7-637H 井(见图1-3)。

② 曲线值远高于各井的本底值(大于2.0倍)时，认为该井见到明显的示踪剂响

应。而监测井基本无水时，则认为该井没有见到示踪剂，如 TK7-615CH 井（见图 1-4）。

③ 如果监测前油井都处于低含水（<10%）无背景值，则突破的背景以初始值作为参照。

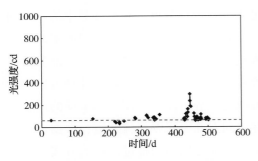

图 1-3　TK7-637H 井示踪剂响应情况

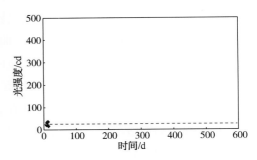

图 1-4　TK7-615H 井示踪剂响应情况

（2）示踪剂监测曲线上峰值的个数。

示踪剂监测曲线的单个峰值对应井间单一的流动通道，多个峰值对应井间多个高渗通道。

（3）示踪剂回采率。

示踪剂回采率为各井采出的示踪剂量与注入的示踪剂量的比值的大小。在同等条件下，不同井的产率的大小在一定程度上能够定性地说明井间动态连通强弱。

根据示踪剂在各对应油井的产出浓度、产率，结合注水井全井注水量，可得出注入水在注水单元中各对应油井中的体积分配系数以及注采井间的相对连通程度。这种方法没有考虑虽然流入注采通道但未被采出部分的水中的示踪剂。另外，地层吸附滞留也使部分示踪剂不能回采，也可能部分示踪剂流向其他区域。因此，通过示踪剂回采率来判断井间动态连通程度的方法还存在较大的问题。表 1-2 所示为测试单元示踪剂的回采率情况。

表 1-2　测试单元示踪剂的回采率

注水井	采油井	单井采出量/g	单井回采率/%	累计回采率/%
TK766	TK7-637H	0.2975	0.0025	0.0249
	TK734CH	1.0124	0.0084	
	TK746X	1.6810	0.0140	

（4）示踪剂累计产出曲线。

示踪剂累计产出曲线的形态进可以研究流体在储层中的流动形式。均质油藏的图形为一个光滑的展开线，体现了流体沿油藏流动的均质性。TK766 井组的产率曲线为两类形式，一是连续上升的曲线（如 TK734CH、TK746X）；二是比较扁平后期呈台阶状的曲线（如 TK7-637H），曲线形态不完整，影响分析（见图 1-5）。

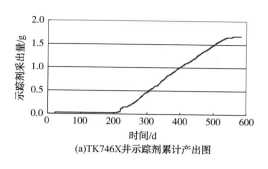

(a)TK746X井示踪剂累计产出图

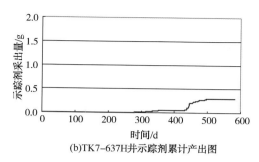

(b)TK7-637H井示踪剂累计产出图

图1-5　TK766井组示踪剂累计产出曲线图

从图形的两类形态来分析，第一类体现了井间的连通状况较好，流体在流动过程中沿程阻力极小，曲线前端的快速抬升说明了被示踪剂跟踪的流体的流动过程是以对流为主的水动力流动，而受达西定律影响的渗流流动形式没有表现；第二类体现了井间的连通状况相对较差，台阶状对应着多个示踪剂团，可能反映井间的多个流动通道。

（5）示踪剂突破时间及推进速度。

示踪剂突破时间是示踪剂监测曲线上突破点距注入示踪剂的时间。根据区域构造图的角度求得注入井与各监测井间的直线距离，用这个距离除以突破时间，计算出推进速度。

对砂岩油藏来说，同等条件下示踪剂的推进速度可以定性到半定量地反映注采井间的渗透性的大小。而缝洞型油藏示踪剂的推进速度则反映注采井间裂缝发育情况的好坏。TK766井组示踪剂突破时间和推进速度如表1-3所示。

表1-3　TK766井组示踪剂突破时间和推进速度

注水井	油井号	突破时间/d	井距/m	推进速度/(m/d)
TK766井组	TK7-637H	448	1281.7	2.9
	TK734CH	221	1535.6	6.9
	TK746X	230	1520.0	6.6

1.5　注采动态响应法判断井间连通性（类干扰试井）

检测到示踪剂的井可以说明井间是连通的，但是对于没有检测到示踪剂的油井，由于溶洞的多层结构和未见水等因素，还不能判断井间的连通情况。缝洞型油藏开采过程中表现出两井开采特征高度相似、注采反应灵敏、压力下降迅速等特征。为此我们通过注采响应的方法加以判断，若在注水后，压力、产液、产油和含水等曲线出现了持续的变化，则可以判断两口井是连通的；若没有变化或变化不明显，则表明不连通。

由于生产动态资料能够实时反映地下储层的连通性状况，而且也是油田现场最容易测得的资料，我们对油、水井动态数据资料(油压、油嘴变化、产量、含水率、原油密度等)进行井组分析，以相邻或相近注采井为基本单元，利用开发过程中的井间干扰信息，如新井投产、工作制度改变等，在邻井观察能否受到干扰信息，如果存在井间干扰现象，说明井间是连通的。

对于缝洞型油藏，我们总结出能说明井间连通的井间干扰现象，具体见表1-4、图1-6~图1-11。

表1-4 连通井间主要动态反应

序号	注采反应	实 例
1	注水受效后产液上升，产油上升，含水下降	TK711 井生产及含水曲线
2	注水受效后产液、产油下降幅度变缓	TK7-615CH 井生产曲线
3	注水受效后产液、产油下降及含水上升幅度变缓	T7-607 井生产及含水曲线
4	注水受效后油压、套压上升	TK748 井油套压曲线
5	注入水突破生产井后，含水上升	TK632 井含水曲线
6	持续注水时，生产井变化趋势与注水井一致	TK713-TK716 综合曲线

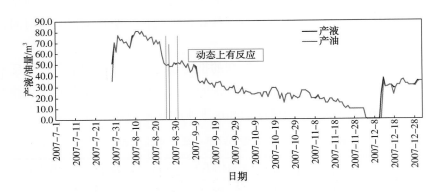

图1-6 TK730 井注水时 TK7-615CH 井生产曲线

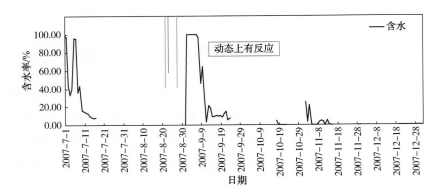

图1-7 TK730 井注水时 TK632 井含水曲线

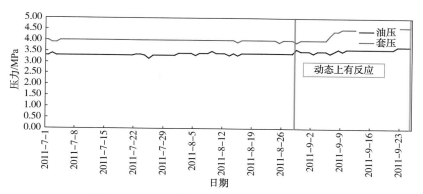

图 1-8 TK763 井注水时 TK48 井油套压曲线

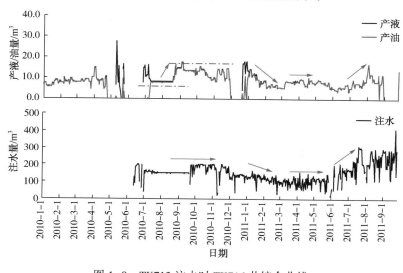

图 1-9 TK713 注水时 TK716 井综合曲线

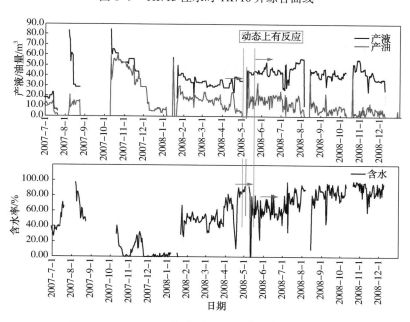

图 1-10 TK712CH 注水时 TK711 井生产及含水曲线

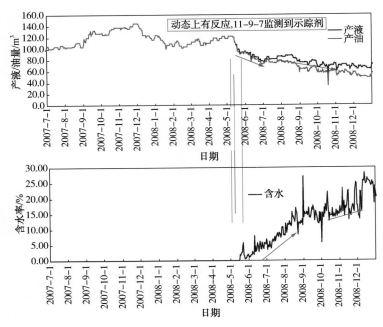

图 1-11　TK712CH 注水时 TK607 井生产及含水曲线

1.6　干扰试井和脉冲试井判断井间连通性

能够认识油藏连通性的试井方法包括干扰试井、脉冲试井和不稳定试井。井间干扰试井是通过激动井来改变制度，在另一口或数口观察井中通过高精度压力计接受干扰压力反应，进而研究激动井和观察井之间的地层参数。例如，在激动井油嘴按一定设计程序变化时，分析观察井所记录下的井底流压变化，如果两井连通，则观察井的井底流压下降斜率应该与激动井的油嘴变化有对应性和一致性。

但是干扰试井和脉冲试井要改变井的工作制度，测试本身周期较长，势必影响油田的生产计划，而且高精度的压力计成本较高。在油水井多的油田，井的工作制度改变经常发生，这都会抵消或干扰观测井的观测信号。实际上，塔河油田只有较少的井做过干扰试井的试验。廖红伟等（2002）根据不稳定试井压力恢复理论和叠加原理推导了一口井进行压力恢复测试时，邻井生产对该井压力恢复曲线形态造成的影响，从而判断这两口井之间的连通性，这实际上拓宽了单井不稳定试井的应用范围。在本章中，试井资料在井间连通性方面的应用主要在于试井资料解释的结果，主要是渗透率及边界。

2 缝洞体连通路径智能识别方法

基于最优路径算法的缝洞体连通路径智能识别，包括以下三个方面：

（1）路径(裂缝、暗河)信息识别及预处理：针对静态刻画的物性网格模型开展基于图像的预处理，将彩色图像转为灰度图像；开展基于物性数据的空间插值处理，确保数据体转移过程中信息不丢失。

（2）路径网络信息提取：针对上述路径初步识别结果，通过滤波处理得到网状结构的所有结点，提取路径中心线，基于拓扑算法提取网络路径信息，开展路径拓扑重建。

（3）最优路径算法研究：结合井间动态连通性反演结果，尝试并改进路径搜索算法，识别井间连通路径，形成最优路径识别算法。

2.1 裂缝型储集体空间刻画

2.1.1 碳酸盐岩裂缝型储集体刻画方法综述

叠后地震资料对裂缝预测，采用的主要手段包括相干体技术、地震属性技术、多属性叠合分析技术。首先分析了相干体技术的方法原理，然后采用算法计算了相干体数据，从切片和剖面两方面进行了裂缝分析；其次依据实际地层特点，选择与研究区裂缝储层相关性较好的几种地震属性：相干、倾角、方位角、曲率等属性，并通过叠合显示来更好地展示裂缝带的发育特征。

1）相干分析技术原理

地震相干体技术是二十世纪九十年代发展起来的一种地震资料解释新技术，相干作为一种地震属性，可以度量相邻各道地震数据之间的相似程度，对断层和裂缝的识别具有不可替代的作用。

根据地震资料的信噪比及算法的稳定性，相干算法目前一共发展了三种相干算法：基于互相关、基于地震道相似性、基于特征值，它们各有优势和缺点。算法的主要优势为计算速度快、运算量少，缺点是抗噪差、稳定性差、分辨率也较低；算法的主要优势是抗干扰能力强且分辨率较高，缺点是计算量较大、计算机内存要求高、横向分辨率较低；算法的优势是分辨率更高，但同时其计算量更大。由于地震勘探具有横向连续观测的优势，所以通过相干体技术能够方便、快捷地找到裂缝发育带，宏观地确定裂缝发育展布特征，能够检测到地震剖面中很难直接识别的微小裂缝。

1999 年，Gersztenkon 和 Marfut 提出了基于特征结构的相干体计算方法，称为第三代相干体算法，该算法主要是利用协方差矩阵的主特征值来计算相干体。

地震子体构成的矩阵（比如选择包含条纵测线，条横测线和时间方向个采样点）：

$$
D = \begin{bmatrix} U_{11} & U_{12} & \cdots & U_{1J} \\ U_{21} & U_{22} & \cdots & U_{2J} \\ \cdots & \cdots & \cdots & \cdots \\ U_{N1} & U_{N1} & \cdots & U_{NJ} \end{bmatrix} \tag{2-1}
$$

其中每一列代表一个有 N 个样点的地震道，每行表示同一时间点时 J 道地震数据，即 U_{NJ} 表示第 J 道的第 N 个采样点。令 $N = 2M+1$，构造协方差矩阵 $C(p, q)$，p 和 q 分别表示 x 方向和 y 方向上的相邻地震道之间的时移量。

$$
C(p, q) = D^T D = \sum_{m=n-M}^{n+M} \begin{bmatrix} U_{m1}U_{m1} & U_{m1}U_{m2} & \cdots & U_{m1}U_{mJ} \\ U_{m2}U_{m1} & U_{m2}U_{m2} & \cdots & U_{m2}U_{mJ} \\ \cdots & \cdots & \cdots & \cdots \\ U_{mJ}U_{m1} & U_{mJ}U_{m2} & \cdots & U_{mJ}U_{mJ} \end{bmatrix} \tag{2-2}
$$

矩阵 C 的秩由正特征值确定，协方差矩阵 C 的特征值的数量和相对大小决定了 3 维时窗内地震数据的自由度。因此，特征值可以定量地描述数据体的变化程度。基于特征结构的相干计算利用了协方差矩阵 C 的数值轨迹，由 $Tr(C)$ 表示。

$$
Tr(C) = \sum_{n=1}^{N} \sum_{j=1}^{J} d_{jn}^2 = \sum_{n=1}^{N} c_{nn} = \sum_{n=1}^{N} \lambda_n \tag{2-3}
$$

在第 3 代本征值相干体技术中，将本征结构相干性定义为 3 维计算时窗内的主要特征值 λ_1 与总能量的比率 E_C。

$$
E_C = \frac{\lambda_1}{Tr(C)} = \frac{\lambda_1}{\sum_{n=1}^{N} \lambda_N} \tag{2-4}
$$

2）曲率属性

（1）曲率属性的概念与地质意义。

数学上曲率是曲线在某一点的弯曲程度的数值，表明曲线偏离直线的程度。曲率越大，表示曲线的弯曲程度越大。如果曲线弯曲褶皱剧烈，曲率就较大；而对于直线，不管是水平或倾斜，其曲率都是零。一般具有背斜特征时定义曲率为正值，而向斜特征定义曲率为负值。

三维空间曲率的概念得到延伸，在数学上，一条曲线可用一个平面切割界面而构建，因此对于三维情况，在任意方向可得到一个曲率，即可得到无数个法线曲率。曲率属性是对曲线偏离直线程度的量化，通过曲率分析可以消除局部的倾角影响；曲率属性用于描述地质体的几何变化，与地震反射体的弯曲程度相对应，对岩层的弯曲、褶皱和裂缝、断层等反应敏感，是寻找地质体构构造特征的有效手段。同时能很好地反映由沉积作用或低级序断层引起的波形变化。

（2）曲率属性的提取方法。

曲率属性计算结果又分为构造曲率和振幅曲率2种。构造曲率是对地震数据时间进行横向二阶求导得到，输入数据为地层倾角。根据三维地震解释层位计算得到的曲率，反映的是解释层位上任意一点的弯曲程度。振幅曲率是对地震数据振幅进行横向二阶求导得到，输入数据为相干能量梯度。像构造曲率一样，振幅曲率也能提供许多有用的地质信息。提取振幅曲率对振幅变化比较敏感的储层进行解释。

3）基于蚁群算法的裂缝刻画原理及方法

生物学家认为，蚂蚁是一种社会性的群居生物，每个蚁群中的每个个体都有明确的分工。个体蚂蚁的行为很简单，蚁群中的主要任务都是通过蚁群中的个体协作完成的。Dorigoz和他的团队在观察中发现，蚂蚁可以找到食物，搜索到食物和巢穴之间最短路径，并最终集中到最短路径上来。Dorigoz等人发现，蚂蚁在移动中会释放和感知一种信息素(pheromone)。蚂蚁觅食的时候，可以释放信息素，它的同伴都会感知其存在和强度。由于一开始蚂蚁的行为总是具有随机性，由于蚁群中个体数量庞大，一些蚂蚁总可以找到食物，并发现巢穴和食物间的最短路径，由于路径较短，单位时间内蚂蚁留下的信息素较多，其他蚂蚁通过感知信息素浓度，也会选择到最短路径上来，这样使这条路径上的信息素越来越多而形成正反馈，使蚁群最终集中在最短路径上。

为了验证蚁群算法原理的正确性，一些学者使用双桥实验进行验证。双桥实验，即在蚁群巢穴和食物之间设置两条路径，根据路径不同的长度来观察和验证蚂蚁移动的规则，称之为非对称双桥实验。作为对比，我们还设置一组两条路径相同长度的双桥实验，称之为对称双桥实验。

在实验的开始阶段，路径A、B上都没有信息素的遗留，蚂蚁会随机移动，以相同概率通过双桥。经过一个短时间的震荡后，随着蚂蚁在A、B两桥上移动次数的增加，蚂蚁遗留的信息素量逐渐变得不同，蚂蚁会集中到某一条信息素遗留量较多的路径上来，形成正反馈，最终使蚂蚁都经过这一条路径。值得一提的是在对称实验中，由于两条路径对称，蚁群最终选择哪条路径通过的概率是相同的，具有一定的随机性。

从图2-1中可以看出，两个实验中各有A、B两条路径，对称实验中，A、B两条路径设置等长。非对称实验中，A、B两条路径不同，路径B较短。经过一段时间的蚂蚁搜索和协同，最终达到某种状态。从结果图中可以看出，对称双桥实验由于A、B两路径等长，所以在最终蚁群在A或B某一条路径上集中分布。而在非对称双桥实验中，一开始由于没有信息素的影响，蚂蚁会随机搜索食物，但是由于路径B的信息素浓度随着时间逐渐增高，最终也会集中到较短的路径B上来。

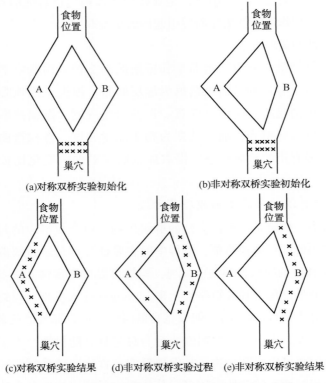

图 2-1　蚁群算法的对称/非对称双桥实验示意图

设计一概率模型，假设：①不考虑信息素的挥发，即某条路径上的信息素的遗留量正比于实验中之前时间中该路径上经过的蚂蚁数目。②蚂蚁选择路径的概率与路径上的信息素遗留量成正比，信息素越多的路径会吸引越多的蚂蚁。设 m 只蚂蚁进过了两条路径，A_m 和 B_m 分别为 m 只蚂蚁中分别通过 A、B 两条路径的个数，则第 $m+1$ 只蚂蚁通过 A 路径的概率为：

$$P_A(m) = \frac{(A_m+k)^h}{(A_m+k)^h+(B_m+k)^h}　　　　　　（2-5）$$

则此蚂蚁通过 B 路径的概率为：

$$P_s(m) = 1-P_A(m)　　　　　　（2-6）$$

公式中，通过改变 h 和 k 的值来匹配公式，可以得到不同的实验结果。通过 Monte Calro 实验数据的多次实验结果，当 $k \approx 20$，$h \approx 2$ 时，公式的计算结果与图 2-2 对称双桥实验结果数据图的结果基本相同。

由于现实中各种条件的因素，非对称双桥实验更符合真实的蚂蚁觅食情况。在实验的初期阶段，由于信息素在每条路径上的遗留量都不多，蚂蚁会同概率随机选择通过路径，单位时间内，较短的路径上信息素的遗留量就会比长路径上的多，短的路径吸引的蚂蚁数量也就越多，随着实验时间的推移和信息素的累积，实验的震荡阶段以后，蚂蚁主要受到信息素的影响，会越来越多的选择信息素较多的路径，也就是较短路径，这就是蚁群算法模型的正反馈机制。Dorigo 等在提出蚁群算法时，用以下实例简单描述了蚁群搜索最短路径的原理(见图2-3)。

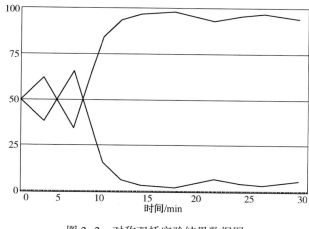

图2-2　对称双桥实验结果数据图　　　　图2-3　蚁群算法的原理实例

A 为蚁穴所在位置，F 为食物所在位置，A 到 F 有两条长度不同的路径可以走，分别是 BCE 和 BDE。长路径 BCE 两条边 BC，BE 的长度为1。短路径 BDE 的两条边 BD，DE 的长度为0.5。在 B 点和 D 点分别放置30只蚂蚁，假设每只蚂蚁的移动速度都为1(即一个单位时间蚂蚁移动一个单位长度)，单位时间内蚂蚁遗留的信息素的量都为1。初始时刻 $t=0$ 时，蚂蚁随机选择两条路径去觅食，蚂蚁选择两条路径的概率相同。每过一个单位时间，A 点会有30只蚂蚁移动到 B 点。在 $t=1$ 时，短路径 BDE 上的蚂蚁已经完成移动，BD 上的信息素为30(B 到 E 和 E 到 B 的蚂蚁各留15的信息素)。而长路径 BCE 上的蚂蚁都移动到了 C 点，所以 BC 上的信息素为15(只有 B 到 E 的蚂蚁留下15的信息素)。新的蚂蚁在 B 点时，就会依据信息素浓度而更偏向于选择短路径 BDE。时间越长，短路径上信息素浓度就会高长路径上越多。久而久之，所有蚂蚁都会集中到最短路径上来。

综合起来，蚁群算法的特点总结如下：

(1)蚁群算法是一种依据概率的全局搜索算法，由于要经过全局搜索，所以可以更好地得到全局最优解。

(2)蚁群算法中的每个个体都只能感受到它的八邻域内的局部信息，而不是全局内的信息。

(3)它的搜索从全局中的各种位置分别开始，同时进行，使算法结果更接近全局最优，使算法效率更高。这就是蚁群算法的并行性。

(4)算法的控制方式为分布式控制，而非中心全局控制。

2.1.2 典型井区裂缝刻画及效果分析

1）规蚁群算法刻画裂缝效果分析

蚂蚁追踪技术以蚁群算法为原理，是一种基于种群的启发式仿生算法，能突出地震数据的不连续性，是一种强化裂缝特征的新属性。蚂蚁追踪技术使得人工地震断层解释有迹可循，能够快速了解区域内断层发育、平面展布和特殊岩性体，大大降低了人工主观性，并提高了断层解释精度，充实了地质构造细节。在大尺度裂缝预测与描述中，蚂蚁追踪技术能够预测裂缝的平面分布及产状特征。纵向地震剖面上肉眼无法识别的裂缝，蚂蚁追踪技术也可精细刻画，从而为研究区断裂系统的全面认识和后期裂缝储层模型的建立提供基础。蚂蚁追踪基本步骤包括：①对原始地震体进行构造平滑，降低噪音影响，增强地震有效反射的连续性；②利用构造平滑后的数据生成方差体或相干体，对地震数据不连续点进行探测，并对其进行强化；③设计对照试验，优选适合研究区的蚂蚁追踪属性，并提取合理的参数；④控制裂缝产状，消除层位痕迹；⑤系统描述研究区裂缝的空间展布特征，交互解释，确定裂缝发育有利区。

蚂蚁追踪技术的关键是确定蚂蚁追踪过程中参数的合理取值，计算涉及的主要参数包括蚂蚁边界、蚂蚁追踪偏差、终止条件等。

（1）蚂蚁边界。

该参数作为每只"蚂蚁"的控制半径（用样点数定义），决定"蚁群"的初始分布状态。初始半径是1只蚂蚁在1次搜索中所能涉及的范围，决定了采样点数。采样点数量对运算时间影响很大，同时也控制了蚂蚁的分布密度，密度越大，精度越高。若在某区域内，蚂蚁没有搜索到断层加强值，则该蚂蚁消亡。边界值越大，得到的蚂蚁体越稀疏。由此得出，研究小断裂或裂缝时，蚂蚁边界值要小（3~4个采样点）；研究大断层时，边界值要大（6~7个采样点）。分析1~11蚂蚁边界剖面发现，当蚂蚁边界值>7或<3时，表征意义不大，不能很好呈现断裂的发育。

（2）蚂蚁追踪偏差。

该参数控制追踪时局部极大值的最大允许偏差，最多只能偏离初始方位15°（用样点数0~3定义）。蚂蚁追踪过程中不是按照单一直线进行，而是存在一定角度（0~15°）的搜索面。若在这个搜索面范围内找到了边界加强点，则该信号会以合法步记录下来；如果偏差太大，蚂蚁将不能继续追踪，此时会记录一个非法步。因此，在平面图上看到的蚂蚁追踪线是一条条的断裂趋势线（实线），而不是折线（虚线）（见图2-4）。偏差值越大，蚂蚁前进过程中搜索的范围越大，会搜索到更多的断层加强点来记录成合法步，则蚂蚁追踪剖面越密集。

终止条件是指每只蚂蚁在追踪过程中允许的总非法步数百分比（0~50%）。当非法步数达到该参数限制值时，蚂蚁追踪停止。对比终止条件分别为10、20时的试验值蚂蚁追踪剖面可知，该值越大，蚂蚁体越密集。

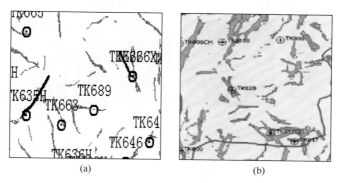

图 2-4　常规蚁群算法裂缝刻画成果与井间动态响应匹配度低

2）蚁群改进算法及裂缝刻画效果

针对常规蚁群算法在裂缝刻画中存在的动静描述不匹配的问题，本次研究以常规蚁群算法为基础，用本征相干来约束蚂蚁追踪的范围和方向，并通过播撒合理蚂蚁数量和改变启发信息权重的方法改进蚁群算法，提高动静态裂缝描述的一致性。

（1）改变蚂蚁的初始分布位置，调整初始蚂蚁数量。

初始化时将较多的蚂蚁分布在将可能的边缘位置，减少不必要的初始分布，避免不必要的计算。初始蚂蚁数量太少，裂缝细节识别模糊，断层信息缺失；蚂蚁数量太多，裂缝格架识别模糊，噪音增多。经综合比对，蚂蚁数量由传统的 $2\sim3$ 倍 $\sqrt[3]{m \times n \times z}$ 减为 $\sqrt[3]{m \times n \times z}$ 比较合理。mnz 分别为地震体在 xyz 三方向的栅格数（见图 2-5）。

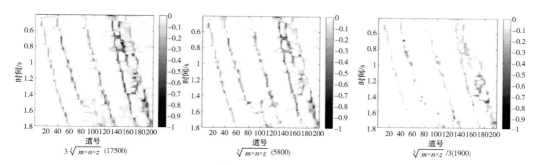

图 2-5　不同蚂蚁数量裂缝刻画效果模拟图

（2）增强启发信息权重和惯性运动差值。

针对走滑断裂线性发育的特点，使蚂蚁转移路径更易受启发信息影响，增强了启发信息权重，由原来的 2 改为 4（见图 2-6、图 2-7）。

蚂蚁转移概率：$p_{(i, j)}^{(r, s)} = \dfrac{(\tau_{i, j}^{(r, s)})^{\alpha} \cdot (\eta_{(i, j)}^{(r, s)})^{\beta}}{\sum\limits_{(u, v) \in R} (\tau_{(u, v)}^{(r, s)})^{\alpha} \cdot (\eta_{(u, v)}^{(r, s)})^{\beta}}$，启发信息：$\eta_{i, j}^{(r, s)} = w \cdot G(i, j)$。

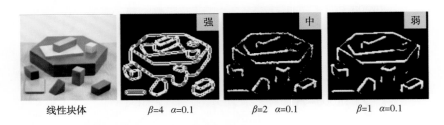

图 2-6　不同启发信息权重对线性体边缘检测的影响

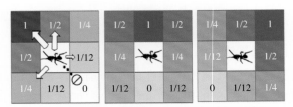

$\omega(0)=1$，$\omega(\pi/4)=1/2$，$\omega(\pi/2)=1/4$，$\omega(3\pi/4)=1/12$，$\omega(\pi)=0$

图 2-7　蚂蚁转移概率惯性运动差值的取值图

在追踪过程中，蚂蚁对搜索范围内的所有候选点都能感应到两种信息——信息素和启发信息素，而蚂蚁根据搜索范围内各条路径上信息素和启发信息素的浓度来计算转移概率，然后根据转移概率选择下一节点的位置。其中，$P(i, j)$ 为节点 (i, j) 的转移概率；$\tau(i, j)$ 为节点 (i, j) 的信息素浓度；$\eta(i, j)=1-f(i, j)$ 为节点启发信息素浓度，$f(i, j)$ 为节点 (i, j) 处的相干值；α 和 β 为信息素和启发信息素的控制因子；由于蚁群的搜索范围被限制在一定的范围内，而不是对所有节点的遍历，如果采用经典蚁群算法中的信息素挥发机制，会造成原来访问过路径的信息素随循环次数增加趋向于零，不利于断层线的追踪。同时，在信息素浓度更新过程中限制了信息素浓度的最大值，这样即保存了蚁群已经走过的路径信息，使得算法向更真实的路径收敛，避免了局部收敛过快而导致错误的信息。

根据上述改进算法，以塔河 6 区 S80 单元为示范区，开展裂缝精细刻画。

从剖面上看，与常规蚁群算法相比，利用本次改进算法刻画的裂缝漏检率大幅减少，检测结果与地震剖面吻合率得到提高（见图 2-8、图 2-9）。

从平面上看，利用改进新算法形成的裂缝刻画成果，格局清晰，细节丰富（见图 2-10）。

从实际刻画效果上看，利用改进蚁群算法形成的裂缝刻画成果与井间动态响应吻合度提高，次级裂缝漏检率减少，二者动静匹配度得到明显提高（见图 2-11、图 2-12）。

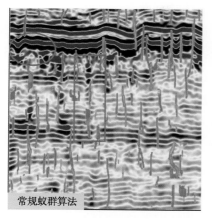

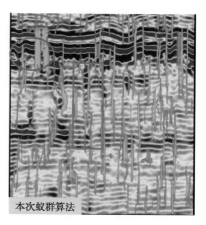

图 2-8　常规蚁群算法裂缝刻画图　　　　图 2-9　改进蚁群法裂缝刻画图

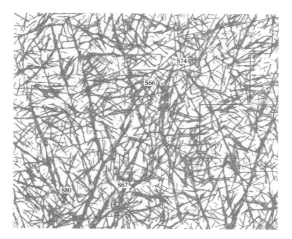

图 2-10　利用改进算法形成的裂缝刻画图

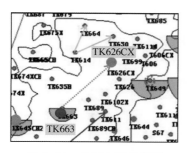

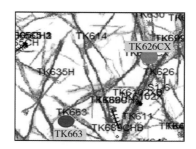

图 2-11　井间动态响应图　　　　　图 2-12　新裂缝预测图

2.2　孔洞型储集体空间刻画

2.2.1　碳酸盐岩孔洞型储集体刻画方法综述

　　碳酸盐岩孔洞型储集体，与裂缝储集体相比，在溶蚀强度、储集体物性等方面更适合作为油气储集空间。对于不同缝洞储集体类型而言，借助钻录井资料及测井曲线识别划分的难度较小。但由于碳酸盐岩相对于碎屑岩储层具有的强非均质性特征，井点资料只能对井筒周围地层作出响应，无法在平面进行延展。而地震资料具有横向分辨率高的优势，那么充分发挥地震资料的作用，实现对碳酸盐岩储层进行合理的预测已成为碳酸盐岩油藏开发的一个技术关键。多年来各国地球物理学家在碳酸盐岩储层预测中做了许多努力，到目前为止应用于碳酸盐岩储层的地球物理方法主要有：AVO分析、波形分类技术、地球物理反演技术、多波多分量地震技术、频率差异分析(FDA)技术、三维相干体技术、方位角分析技术和地震属性技术。不同学者采用以上各方法在不同研究区均取得了较好的储集体预测效果。从资料使用情况来看，叠后地震资料的应用仍然在缝洞储集体的地震预测方法中占据主流。

在各种缝洞储集体预测方法中，地球物理反演预测技术是最有效的方法之一，其预测结果较常规地震属性而言，具有如下优势：①消除子波旁瓣影响，在具有平面预测性的同时，提高了纵向分辨率。②反演属性较原始地震数据为具有明确含义的地质属性体，便于对储集体的地质描述与分类刻画。目前在碳酸盐岩储集体预测中使用的反演方法有：声波和弹性波阻抗相结合反演、声波阻抗反演、测井地震联合反演、叠前双向介质属性反演和吸收系数反演。不同反演方法采用的假设条件不同，因此适用条件有所差异。本次研究利用叠后地震数据，针对不同缝洞储集体类型的地震反射特征，采用基于道的约束稀疏脉冲反演开展缝洞储集体的预测研究工作。

2.2.2　孔洞储集体波阻抗反演原理及方法

波阻抗，一般是指纵波阻抗，对应的是地层速度与密度的乘积。由于实际地层中，一般速度变化远大于密度变化，因此波阻抗值大小主要受速度值影响。对于井点数据而言，波阻抗曲线就是声波时差曲线与密度测井曲线计算得出。对于相邻地层，由于岩性存在差异，上下地层间的波组抗差异就构成了地质界面的反射系数。研究区的缝洞储集体较上覆碎屑岩层及奥陶统碳酸盐基质具有低密低速的特征，因此在波阻抗值上面将表现为低值，与围岩的高值形成显著差异，这是基于波阻抗反演类方法识别缝洞型油藏储层发育的理论基础。

$$R_i = \frac{\rho_{i+1} V_{i+1} - \rho_i V_i}{\rho_{i+1} V_{i+1} + \rho_i V_i} = \frac{Z_{i+1} - Z_i}{Z_{i+1} + Z_i} \tag{2-7}$$

式中，R_i 为界面反射系数，ρ_{i+1} 和 ρ_i 为界面两侧介质的密度；V_{i+1} 和 V_i 为界面两侧介质的速度；Z_{i+1} 和 Z_i 为界面两侧介质的波阻抗。

通过上式可得出：$Z_{i+1} = Z_i \dfrac{1+R_i}{1-R_i}$，即通过递推的方法可以由反射系数计算出地层各层的波阻抗值：$Z_{i+1} = Z_0 \prod\limits_{j=1}^{i} \dfrac{1+R_j}{1-R_j}$，式中 Z_0 为初始波阻抗，Z_{i+1} 为第 $i+1$ 层地层波

阻抗。

由于实际的地震道是由反射子波与地震子波褶积之后获得的，那么在给定反射子波的情况下，通过反褶积就可以反推出波阻抗值。这是基于地震道的波阻抗反演方法的条件之一。

缝洞型油藏储集体发育有尺度差异大、非层状、强非均质性的特征，因此基于井插值模拟的波阻抗反演方法并不适用。同时缝洞储集体在空间发育具有一定的随机性，本次研究采用一种基于地震趋势约束的地质统计学反演方法来对缝洞储集体进行预测。首先利用叠偏地震资料的确定性反演方法得到目标区的波阻抗反演结果，之后在此基础上利用地质统计学反演方法实现波阻抗反演结果的进一步修正处理，以达到满足井点标定的目的。其基本流程如图 2-13 所示。

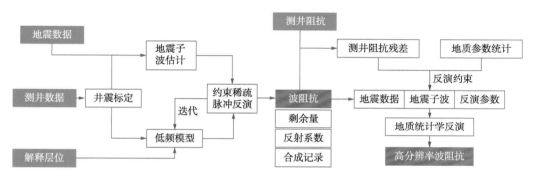

图 2-13 基于地震趋势的地质统计学反演流程图

其中，约束稀疏脉冲反演是一种基于地震道的波阻抗反演方法，其阻抗计算忠实于原始地震的反射振幅信息。在其反演过程中，假设反射系数是白噪的，即反射系数为随机的和无穷多的，而这个假设对地震数据的实际情况并不是完全符合的。因为在地震剖面上，由于它是有限宽带的数据，所以我们只能观察到有限的波阻抗界面反射，而看不到无穷多个反射系数界面。约束稀疏脉冲反演算法就是设法找到可观察到的有限的稀疏脉冲。其假设前提是：地下的反射系数序列是由一系列大的或较大的反射系数叠加在高斯分布的小反射系数背景上。在反演过程中，会优先找到大的反射系数，再在高斯分布背景上选取较小的反射系数，通过反演的迭代运算，找到满足输入地震数据及参数的反射系数组合后，停止运算，得到反演波组抗体。

基于约束稀疏脉冲反演得到的波阻抗与井点真实阻抗之间会存在一定偏差（图 2-14）。其中钻井放空流失部分预测值要高于实际值，钻遇地震"串珠"反射井则预测值较真实值偏低。这是钻井放空漏失以及洞穴储集体均会造成实际地球物理响应发生偏差，确定性反演无法直接获取井点的真实波阻抗数据。那么通过后续的地质统计学反演将井点波阻抗残差进行模拟后加入约束稀疏脉冲反演结果当中，得到修正后的反演波阻抗体，再通过正反演迭代，得到既满足原始地震反射特征，又与井点真实阻抗接近的最终波阻抗结果。

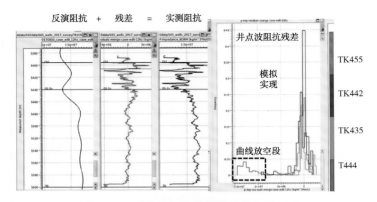

图 2-14　反演阻抗与实测阻抗的差异对比

2.2.3　典型井区孔洞储集体刻画及效果分析

从地震反演剖面来看，由于消除了子波旁瓣影响，纵向波阻抗较原始地震剖面提高了分辨率，能够实现串珠状反射储集体的纵向归位，在描述储集体空间位置上更为准确。同时从单井实测阻抗与反演波阻抗的对比来看，吻合度较高，反演波阻抗能够反映井上波阻抗的变化趋势。整体来看，反演波阻抗纵向上没有明显的变化趋势，由于波阻抗主要受地层速度影响，说明 T74 不整合面以下地层本身速度变化不是太大，整体呈现碳酸盐岩高阻抗特征。表现为明显低阻抗特征的大型孔洞储集体除暗河发育时呈连续条带状外，多呈孤立状展布，其连通关系主要依赖小缝洞、断裂及裂缝带沟通。在此反演波阻抗基础上，可以融合裂缝带预测成果，综合分析井间连通关系(见图 2-15、图 2-16)。

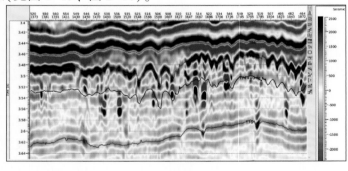

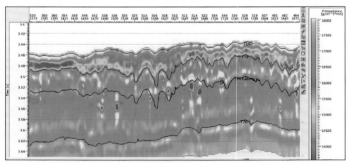

图 2-15　原始地震剖面与反演阻抗对比

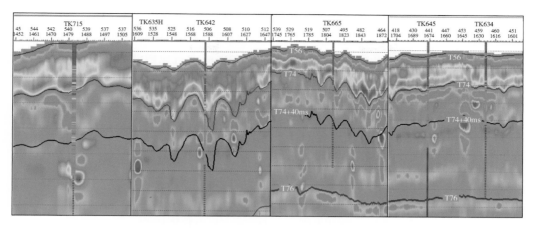

图 2-16　反演阻抗与井点实测阻抗的对比

2.3　缝洞储集体空间融合

2.3.1　裂缝型储集体孔隙度计算

裂缝储集体是塔河油田奥陶系灰岩的次要储集体类型之一，裂缝是缝洞型油藏的主要渗流通道，也是次要储集空间，对油藏的开发生产具有重大意义。裂缝储集体物性参数是影响井间连通性的重要条件。目前测井解释裂缝储集体中，以Ⅲ类储层为主，孔隙度(ϕ)普遍低于 1.8%，裂缝孔隙度(ϕ_2)低于 0.04%。可见塔河地区裂缝储集体空间有限，主要起到沟通联络的作用。

目前地震识别裂缝储集体主要依赖叠后相干属性类，由此衍生出的 AFE、likelihood、蚂蚁体均属于该类属性。考虑本次测试的目的主要在于识别裂缝带(断裂)的连通路径，后续需要将地震数据得到的反映裂缝带(断裂)信息与反映孔洞储集体信息的数据体融合，二者需要在量纲上一致。由于波阻抗与孔隙度间有一定的相关性，那么将裂缝带(断裂)相关数据转为孔隙度的量纲，就可以与波阻抗转为孔隙度的数据体进行数据融合，以备后续路径追踪工作的开展。

一般来说，裂缝按照发育级别分为三类，及大裂缝、中等裂缝及微小裂缝，大裂缝一般通过地震资料来认识，其他则通过井数据来获得。地震表征裂缝可以认为是断裂发育带，主要为流体运移通道。

目前，井点裂缝与地震表征裂缝尺度上不能严格对应，只能通过统计规律认识不同尺度裂缝发育规律。地震表征裂缝(带)，蚂蚁体属性与裂缝孔隙整体呈正相关，但线性关系不强。一般而言，叠后裂缝带(断裂)表征数据体属性值域范围在 −1~1(无量纲)。需要将该类数据体进行孔隙度赋值处理，得到裂缝表征孔隙度数据。

地震裂缝孔隙度赋值方法我们必须参考测井解释结果。由于缝洞型油藏中基岩孔隙度、渗透率极低，泥浆侵入只对裂缝和孔隙有影响，加之泥浆滤液电阻率与地层水电阻率差别明显，因此双侧向电阻率测井对储层裂缝有较好的响应，可根据双侧向电阻率测井资料计算获得裂缝孔隙度。本文采用中石化西北石油分公司使用的裂缝孔隙度计算方法：

1）裂缝倾角的判断

双侧向电阻率测井对不同的倾角裂缝体现出的测井曲线特征不同，计算裂缝孔隙度时，首先要判别裂缝倾角，裂缝倾角的判别关系式为：

$$Y = \frac{R_d - R_s}{\sqrt{R_d \times R_s}} \tag{2-8}$$

式中，R_d、R_s 为深、浅侧向测井电阻率，$\Omega \cdot m$；Y 为判别指数，无量纲。

当 $Y>0.1$ 时，裂缝状态为高角度裂缝；当 $0 \leqslant Y \leqslant 0.1$ 时，裂缝状态为斜交裂缝；当 $Y<0$ 时，裂缝状态为低角度裂缝。

2）裂缝解释模型

根据判别的裂缝倾角，对裂缝孔隙度进行计算，计算公式为：

$$\phi_f = \left(\frac{A_1}{R_s} + \frac{A_2}{R_d} + A_3 \right) \times R_{mf} \tag{2-9}$$

式中，ϕ_f 为裂缝孔隙度，小数；R_d、R_s、R_{mf} 为深侧向、浅侧向、泥浆滤液电阻率，$\Omega \cdot m$；A_1、A_2、A_3 为常数，其值依裂缝状态 Y 不同而不同，取值见表 2-1。

表 2-1 裂缝孔隙度解释模型常数取值表（据中国石化西北石油分公司，2008）

裂缝状态	Y	A_1	A_2	A_3
低角度裂缝	$Y<0$	−0.99242	1.97247	0.000318
斜交裂缝	$0 \leqslant Y \leqslant 0.1$	−17.6332	20.36451	0.000932
高角度裂缝	$Y>0.1$	8.522532	−8.24279	0.000712

根据塔河油田 21 口井在同一钻井取心段的岩芯观察、描述和统计，计算得出岩芯的裂缝孔隙度，与对应段的测井解释裂缝孔隙度建立交会图（见图 2-17）。

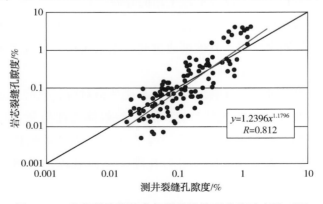

$$y = 1.2396x^{1.1796}$$
$$R = 0.812$$

图 2-17 岩芯裂缝孔隙度与测井计算裂缝孔隙度校正图

从图 2-17 可见，岩芯确定的裂缝孔隙度与测井解释裂缝孔隙度存在一定的误差，但两者存在着明显的规律，经回归后得到以下关系式：

$$\phi_{fc} = 1.2396\phi_f^{1.1796} \qquad (2-10)$$

相关系数 $R = 0.812$，用公式对测井解释裂缝孔隙度 ϕ_f 进行校正，得到校正后裂缝孔隙度 ϕ_{fc}。

将地震预测裂缝体与井点数据进行标定进行孔隙度网格赋值时，采用地质建模类方法进行处理。首先将地震预测裂缝转换为裂缝离散模型，将裂缝进行网格化。在此基础上裂缝属性参数模型的建立整体上仍沿用"缝洞离散分布相控"的建模思路，即基于裂缝的离散分布模型，采用裂缝等效参数计算的方法，通过计算每一个网格单元内裂缝的属性参数，并粗化至地层模型从而建立起裂缝的属性参数模型。

（1）裂缝离散网格的建立。

裂缝具有明显的层次性，而且大尺度裂缝(断层)对小尺度裂缝有明显的控制作用，因此遵循层次建模原则，先建立大尺度裂缝模型，再建立小尺度裂缝模型，而且两者都是"离散裂缝网络"模型，即通过大量具有不同方向、长度、形状、倾角和方位角等属性的离散裂缝片表征储层裂缝分布。本次建模将以地震预测裂缝数据为基础，突出大尺度、中尺度裂缝的连通特性，重点进行表征。

方差体技术和蚂蚁追踪技术均为目前识别断层、裂缝及地层不连续变化的有效方法，使用方差体分析技术对原始地震数据进行预处理，增强地震数据在空间上的不连续性，再采用蚂蚁追踪技术在方差体中发现满足预设断裂条件的不连续痕迹并进行追踪，根据蚂蚁体解释结果建立确定性的大尺度裂缝和中尺度裂缝离散分布模型。

基于大尺度裂缝和中尺度裂缝离散分布模型建立井间裂缝发育概率体，约束单井裂缝密度建立裂缝密度分布模型。在裂缝产状统计数据和裂缝密度分布模型的约束下，使用基于目标的示性点过程模拟方法，建立小尺度裂缝离散分布模型。

小尺度裂缝先验地质认识包括裂缝产状统计数据和裂缝密度分布模型。裂缝产状数据如组系、长度、方位角、倾角等，可通过岩芯观察及成像测井资料分析等获得。裂缝密度分布模型是通过对成像资料解释得到的单井裂缝密度插值得到，其反映了小尺度裂缝在背景相中的分布趋势。

由于三维空间内小尺度裂缝的分布以及小尺度裂缝的产状信息极为复杂，在小尺度裂缝随机模拟过程中使用退火模拟的方法，将裂缝密度分布模型作为退火模拟的目标函数阈值。

在小尺度裂缝产状统计信息的约束下，采用基于目标的示性点过程模拟方法，在研究区地层模型内随机产生小尺度裂缝，并向退火模拟的目标函数阈值进行"逐步逼近"，当模拟生成小尺度裂缝的密度达到裂缝密度分布模型水平时，终止模拟，获得小尺度裂缝离散分布模型。

（2）裂缝等效孔隙度计算。

对于每个网格来说，其等效裂缝孔隙度就等于该网格内的裂缝体积与该网格节点自身体积的比值，数学表达式如下：

$$\phi_f = \frac{A_f \cdot w_f}{V_{cell}} \times 100\% \qquad (2-11)$$

式中，ϕ_f 为网格节点裂缝等效孔隙度，%；A_f 为网格节点内的裂缝面积；w_f 为网格节点内的裂缝开度；V_{cell} 为网格节点体积。

（3）裂缝储集体孔隙度模型的建立。

首先基于先前建立的裂缝离散分布模型，计算模型内任一网格节点内的裂缝面积（见图2-18）。

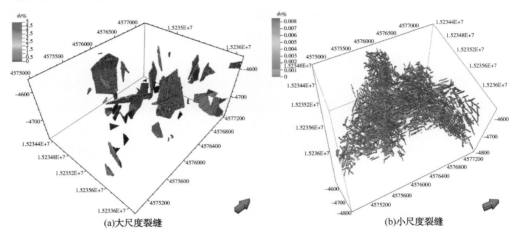

(a)大尺度裂缝　　　　　　　　　　(b)小尺度裂缝

图2-18　T615单元大尺度裂缝孔隙度模型与小尺度裂缝孔隙度模型

A_f 和裂缝开度 Δd，以求取模型内任一网格内的裂缝体积，并基于地层模型求取任一网格节点的体积。然后，既可根据公式求取任一网格节点内的裂缝孔隙度，粗化至地层模型后即可获得大尺度裂缝等效孔隙度模型和小尺度裂缝等效孔隙度模型（见图2-19、图2-20）。

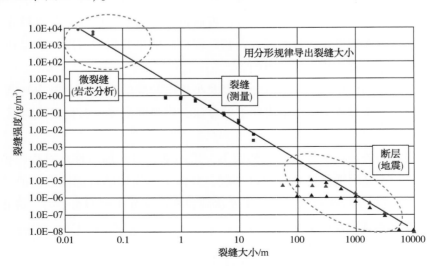

图2-19　裂缝尺度的分形分析

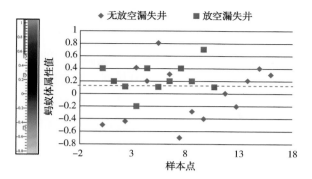

图 2-20　裂缝型储集体蚂蚁体属性统计值

2.3.2　孔洞型储集体孔隙度计算

孔洞型储集体(包含洞穴及孔缝)的声波时差明显大于碳酸盐岩基质，在波阻抗上面则表现为显著的低阻抗。正是由于波阻抗的差异，地震剖面上才产生明显的串珠状反射特征。一般而言，储集体孔隙度由三孔隙度曲线(声波、密度、中子)建立解释模型计算而来，由前文可知波阻抗数据主要受声波时差影响。那么通过建立测井解释孔隙度与反演波阻抗之间的统计关系，就可以实现孔洞型储集体孔隙度的计算。图 2-21 为塔河主体区反演阻抗与孔隙度的统计关系，能够看出波阻抗反映储集体物性参数的变化趋势。

从上图可以看出波阻抗整体与孔隙度呈负相关，溶蚀孔洞、裂缝整体孔隙较低，阻抗值

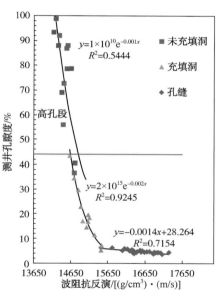

图 2-21　塔河主体区反演阻抗-
孔隙度统计关系

明显高值。洞穴储集体受充填程度影响，解释孔隙度差别较大。充填洞穴孔隙度 10%~44%，未充填—少量充填洞穴孔隙度 37%~99%。反演波阻抗识别洞穴效果明显，但识别充填效果有限，未充填洞穴与充填洞穴间存在区间叠置现象。

根据上述统计关系，可以实现反演波阻抗到孔隙度的转换。

2.3.3　缝洞储集体空间融合

地震属性融合技术是近几年刚刚兴起的属性分析手段，它可在一定储层物性、地质规律、沉积特征的指导下，通过综合考虑不同属性的物理意义，选取表征不同储层特征的属性，将多个属性经过一定的数学运算融合在一起，使融合属性能同时考虑每一种属性对储层的影响，达到属性融合的目的。利用融合属性可充分挖潜数

据内含信息，去除重复冗杂信息，降低储层预测的多解性，进一步提高储层预测精度。

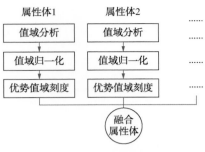

图 2-22　地震属性融合流程图

目前地震属性融合的方法有 RGB 颜色融合法、聚类分析属性融合法、多元线性回归属性融合，基于模糊逻辑的地震属性融合等。其中 RGB 颜色融合能够以三原色标的形式突出显示研究所关注的储集体。其他属性融合方法则基于数理统计分析进行地震属性本身的数据融合。

根据测试的目的，本次地震属性融合采用的技术路线如图 2-22 所示。

1）地震属性值域分析

由于不同的地震属性的提取方式和计算方法均不相同，导致了不同地震属性的单位、量纲以及数值大小、变化范围都不相同的，直接使用这些属性数据进行融合，就会出现突出绝对值大的属性，压制绝对值小的属性的现象。即在判断属性融合时的权重比例时，难以把握。因此对地震属性进行值域分析是属性融合的必要准备工作之一。

2）地震属性值域归一化

为了克服出现上述不合理现象，在使用属性数据前必须对地震属性值进行归一化处理，或者称之为标准化处理。地震属性的标准化方法主要有总和标准化、最大值标准化、模标准化、中心标准化、标准差标准化、极差标准化和极差正规化等。根据地震属性参数的特点，实际应用过程中通常采用极差正规化对地震属性参数进行归一化处理．极差标准化是将属性的每个观测值减去该属性所有观测值的最小值，再除以该属性观测值的极差，变换后每个属性观测值在 0～1 之间，公式如图 2-23、图 2-24 所示。

从剖面可以看出，对于裂缝带识别的地震数据体值域分布介于 -1.2～1.2 之间，其中小于 -0.8 的值基本为无效值，裂缝最发育区数据值越大，接近 1.2。在做归一化时，为了突出裂缝带属性，可将低于 -0.8 的异常属性值赋值 -0.8，即为正常值的最低值。这样在按照极差标准化是方法对数据进行归一化。按照级差标准化的参数，将 $\min x_{kj}$ 设为 -0.8，将 $\max x_{kj}$ 设为 1.2，归一化后，数据体值域分布直方图如下。因为裂缝表征数据体本质是反应地震道间相关程度的，数据值域本身不成正态分布，数据值两端存在极限值。

$$x'_{ij} = 1 \frac{x_{ij} - \min\limits_{1 \le k \le n} x_{kj}}{\max\limits_{1 \le k \le n} x_{kj} - \min\limits_{1 \le k \le n} x_{kj}} (i=1,\ 2,\ \cdots,\ n;\ j=1,\ 2,\ \cdots,\ m) \qquad (2\text{-}12)$$

式中，x'_{ij} 是变换后的属性值；x_{ij} 为变换前的属性值。

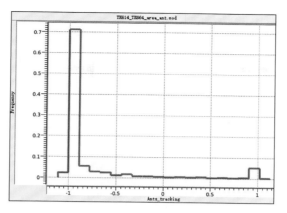

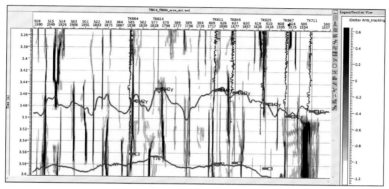

图 2-23　叠后裂缝带提取数据体值域分布及其剖面显示

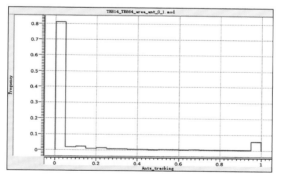

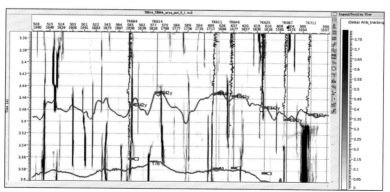

图 2-24　数据归一化后裂缝表征数据体值域分布及其剖面显示

3）优势值域刻度及属性融合

将归一化后的不同地震属性进行颜色刻度，通过色标的变换以及井点反映出的地质信息，可以锁定不同地震属性反映特殊地质体（储集体或断裂信息）的优势属性值。在进行属性融合时，只需留下优势属性值即可（见图2-25）。

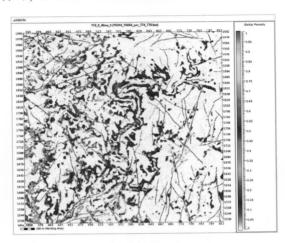

图 2-25　沿 T_7^4 下 40ms 融合数据体切片

属性融合的过程，就是将不同地震属性体的优势属性值合并到一起，使之通过单一色标即可突出两个原始数据体所反映的地质信息。本次测试关注的是裂缝带（断裂）所影响的连通路径，所以属性融合的目的是突出连通路径信息，同时考虑孔洞储集体的影响。

属性融合注意事项：从测井解释井点解释缝洞体来看，孔洞储集体孔隙度区间为 5%~25%，存在放空漏失井的孔隙度则考虑动态产能因素综合赋值，孔隙度较高。断裂及裂缝带作为连通路径，是本次测试的重点关注对象，在属性融合时，将重点关注裂缝带属性。在属性融合过程中，将裂缝带属性重点保留，兼顾地震预测的缝洞储集体，这样在后续路径追踪时，可以同时考虑孔洞连通与裂缝连通两种连通形式，以期更好地与生产井的连通状况吻合。从地层切片及立体显示结果来看，孔洞储集体与断裂通道空间配置关系较为复杂，孔洞储集体整体较为离散，但局部孔洞储集体有较强连续性，断裂整体呈北东、北西向展布，在此格局下局部断裂发育较为破碎，增加了工区井间连通关系的复杂性。

2.4　缝洞连通路径智能搜索算法

2.4.1　数据分析

1）基础数据

该项目研究中的基础数据为沿着 T_7^4 层面向下作的切面，选取的 22 张连续切片数据(.png 格式)，再通过专业的数据处理计算软件，将图像文件转化为灰度坐标数据文件(.asc 文件)，具体文件数据为 $Slice\_T_7^4+40ms\_down\_0.asc$ 至 $Slice\_T_7^4+40ms\_down\_6.asc$。

由于地震数据的精度问题，在两张地震数据图之间通过插值方法再次插入一张图片数据，以提高绘图精度。层面纵向分布如图 2-26 所示，插值算法将在第 2 章详细说明。

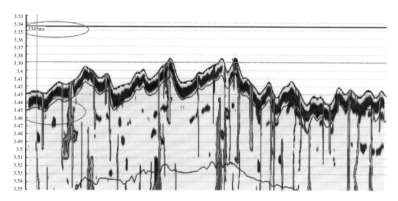

图 2-26　层面纵向分布

井的坐标数据 well_location.prn 或者 well_location.xlsx，由 4 列数据组成，表示井的地质坐标$(x，y)$和像素坐标位置$(x，y)$，如图 2-27 所示。

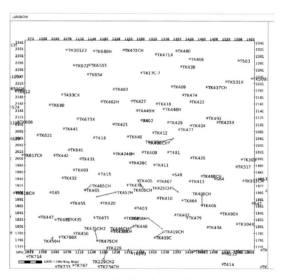

图 2-27　目标井分布图(井底坐标)

2) 区块孔隙度分布数据

区块孔隙度分布数据体(新：$slice\_T_7^4\_0\_40ms$ 数据)是由一系列 .asc 文件组成的，每一个数据体打开之后分为两个部分，即数据说明和数据体。数据说明包含文件创建时间、数据来源、层位深度和数据格式等参数(见图 2-28)。

数据体包含 5 列数据，其中第一列表示孔隙的像素坐标的横坐标，第二列表示孔隙的像素坐标的纵坐标(横纵坐标需要作平移)，第三列表示孔隙的地理坐标的横坐标，第四列表示孔隙的地理坐标纵坐标，第五列表示该坐标位置的孔隙度值(见图 2-29)。

```
* Export file generated by Jason
* This has been generated from:
* Application :Horizon (ASCII) Export  ( // JGW-9.5 {1x6d 7})
* Time        :Thu Mar 07 19:58:52 2019
* File        :TK614_TK664_por_T74_T76_edit.hor
* Tracegate   :tahe_2017: line 343 to line 816, incr 1, CMP 1523 to CMP 1992, incr 1
* Format      :Line CDP  X Y  Value
* Filetype    :Gen5Col   3D, XY in m
* HORIZON T74+40ms_down_1 Porosity [none]
```

图 2-28 孔隙度分布数据的数据说明

343	1523	15229440.47	4575766.30	0.00500
343	1524	15229440.47	4575781.30	0.00500
343	1525	15229440.47	4575796.30	0.00500
343	1526	15229440.47	4575811.30	0.00500
343	1527	15229440.47	4575826.30	0.00500
343	1528	15229440.47	4575841.30	0.00500
343	1529	15229440.47	4575856.30	0.00500
343	1530	15229440.47	4575871.30	0.00500
343	1531	15229440.47	4575886.30	0.00500
343	1532	15229440.8	4575901.30	0.00500
343	1533	15229440.47	4575916.30	0.00500
343	1534	15229440.47	4575931.30	0.00500
343	1535	15229440.8	4575946.30	0.00500
343	1536	15229440.47	4575961.30	0.00500
343	1537	15229440.47	4575976.30	0.00500
343	1538	15229440.47	4575991.30	0.00500

图 2-29 孔隙度分布数据

像素坐标替换规则及图片生成规则：

(1) 根据数据前两列的像素坐标位置确定孔隙坐标(图像灰度坐标)位置；

(2) 将孔隙空间坐标按照坐标位置的最小值进行平移；

(3) 按照下标矩阵坐标替换规则进行向量化批量替换；

(4) 利用 matplotlib 的 imshow 函数还原孔隙灰度图像。

经过对图 2-28 和图 2-29 的数据结构分析可知，每张图片像素个数为 649×609，与每个数据体的孔隙度数据个数不完全一致，未提及的坐标的孔隙度值采用 0 替换。其中，孔隙值中也存在一些小于 0 的值，这些值是因为做克里金插值的插值误差所引起的，从实际角度是无法解释的，故均修改为 0。

3) 井位坐标生成

井位数据如图 2-30 所示(左侧为 .prn 格式，右侧为 .xlsx 格式)，.prn 文件的第一列为井名，第二列为井底地理坐标横坐标，第三列为井底地理坐标纵坐标，第四列和第五列为井位像素坐标。.xlsx 文件的第一列仍为井名，第二列和第三列表示井头地理坐标，第四列和第五列表示井底地理坐标。

文件(F) 编辑(E) 格式(O) 查看(V) 帮助(H)				
1FTK497XB-1	15242977	4582802	900	7000
1S64-2	15246064	4583871	900	5602
1S64-3	15246000	4584808	950	7500
1S65-3	15242441	4582876	900	7000
1T403-1	15243483	4580161	900	7000
1T416-4	15242533	4583773	900	7000
1TK4101B	15241400	4580766.5	948	7000
1TK4102	15242194	4581771	900	7000
1TK4103	15246560	4583090	900	7000
1TK4104	15245823	4586861	900	7000
1TK411-1	15243802	4582583	900	7000
1TK420CH2B	15241619	4580606	900	7000
1TK423CH2B	15246726	4584425	900	7000
1TK491CHB	15246779	4584851	900	7000
T401	15244804.09	4583215.86	942	5580
T402	15243662.93	4584608.35	942.7	5602
T403	15243396.86	4580738.87	944.4	5633.6
T415	15241839.94	4582251.23	944.5	5620
T415CH	15241839.94	4582251.23	944.5	5826
T417	15243657.65	4586698.06	945	5667
T417C	15243657.65	4586698.06	941.9	5993
S48	15245019.65	4582221.36	942.1	5750
S64	15246821.73	4582047.79	941.5	5750
S65	15239749.53	4581430.23	944.9	5754
TK4-J1X	15244613.65	4581905.93	941.4	5462.9

Common Well Name	X Coordinate (meters)	Y Coordinate (meters)	X Coord Bh (meters)	Y Coord Bh (meters)
S67	15234918.59	4578206.37	15234918.59	4578206.37
S71	15233490.28	4581965.08	15233490.28	4581965.08
S75-2	15235516.48	4579498.152	15235511.69	4577472.481
S80	15231870.76	4577884.8	15231870.76	4577884.8
T606	15234630.32	4579994.451	15234630.32	4579994.451
T606CX	15234630.32	4579994.451	15234647.92	4580212.554
T615	15235845.35	4575658.701	15235845.35	4575658.701
T615CH	15235845.35	4575658.701	15235456.57	4575162.663
T615CX	15235845.35	4575658.701	15236047.53	4575924.96
T624	15229674.14	4575876.81	15229655.47	4575846.538
T624CH	15229674.14	4575876.81	15229974.19	4575624.942
T624CH2	15229674.14	4575876.81	15229071.76	4575626.537
TH10101	15229900.06	4579459.033	15229912.34	4579469.978
TH10101CH	15229900.06	4579459.033	15229841.58	4580148.081
TH10102	15230383.98	4579660.02	15230430.17	4579648.703
TH10103	15230379.03	4580288.94	15230393.67	4580283.818
TH10103CH	15230379.03	4580288.94	15230380.92	4580455.386
TH10104	15231020.98	4580251.992	15231014.27	4580255.527
TH10114X	15230615.96	4581778.82	15230626.8	4581842.089
TH10121	15230464.97	4582822.503	15230460.12	4582805.872
TH10121CH	15230464.97	4582822.503	15230184.47	4582728.73
TH10124	15230950.01	4581090.492	15230960.98	4581077.851
TH10139X	15230137.62	4580066.054	15230144.71	4580062.393
TH10146	15230237.01	4580902.002	15230271.21	4580886.838
TK602	15234341.96	4577449.904	15234341.96	4577449.904
TK603	15235519.44	4578800.187	15235519.44	4578800.187

图 2-30 井位坐标数据

井位坐标确定算法：

（1）提取 . prn 或者 . xlsx 文件中的井名和对应的井底地理坐标。

（2）将提取得到的井底地理坐标与图 2-29 所提取的孔隙地理坐标进行距离运算，找到最近的地理坐标，其对应的像素坐标即为该井在图上的位置坐标（像素位置坐标）。

（3）通过 matplotlib 在图像上生成第二个图层，并通过 scatter 和 text 将井位坐标及名称在图像中进行标注。

2.4.2 图片连通性计算方法

1）图片插值算法

原始 20 张图片需要在两张之间做一张插值（结合图像分辨率只能进行一张图像的插值）。插值方法分为四类：①线性插值；②反距离加权插值（IDW）；③克里金插值；④自然邻点插值（NNI）。

（1）线性插值。

线性插值是指插值函数为一次多项式的插值方式，其在插值节点上的插值误差为零。线性插值是广泛使用的一种简单插值方法。算法如下：

假设已知两张图片中坐标 $(x_0，y_0)$ 与 $(x_1，y_1)$ 对应，要得到 $[x_0，x_1]$ 区间内某一位置 x 在直线上的 y 值。根据图 2-31 所示，根据线性插值方法，可得：

$$y = y_0 + \alpha(y_1 - y_0) \tag{2-13}$$

式中，$\alpha = (x - x_0)/(x_1 - x_0)$。

线性插值算法利用待插值点到插值原点的距离作为插值权值对插值原点的函数值进行加权平均得到最终结果。

（2）反距离加权插值。

反距离加权插值（Inverse Distance Weighted，IDW），也可以称为距离倒数乘方法，该方法假定范围内每个输入点都有着局部影响，这种影响随着距离的增加而减弱（见图 2-32）。该方法可以进行确切的或者圆滑的方式插值。方次参数控制着权系数如何随着离开一个格网结点距离的增加而下降。对于一个较大的方次，较近的数据点被给定一个较高的权重份额；对于一个较小的方次，权重比较均匀地分配给各数据点。

计算一个格网结点时，给予一个特定数据点的权值与指定方次的从结点到观测点的距离倒数成比例。当计算一个格网结点时，配给的权重是一个分数，所有权重的总和等于 1.0。当一个观测点与一个格网结点重合时，该观测点被给予一个实际为 1.0 的权重，所有其他观测点被给予一个几乎为 0.0 的权重。换言之，该结点被赋予观测点一致的值。这就是一个准确插值。

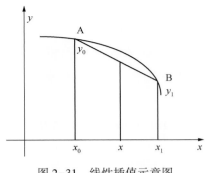

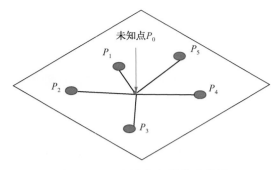

图 2-31　线性插值示意图　　　　　　图 2-32　反距离加权插值示意图

通过对反距离插值算法的描述可知，反距离插值算法即为线性插值算法在高维空间的推广。

反距离权重法主要依赖于反距离的幂值，幂参数可基于距输出点的距离来控制已知点对内插值的影响。幂参数是一个正实数，默认值为2（一般0.5~3的值可获得最合理的结果）。

反距离加权插值方法的步骤为：

① 计算未知点到所有点的距离。

② 计算每个点的权重，权重是距离的倒数的函数：

$$\lambda_i = \frac{1/d_i}{\sum\limits_{i=1}^{n} 1/d_i} \tag{2-14}$$

③ 计算目标点的值：

$$v(x_0, y_0) = \sum_{i=1}^{n} \lambda_i v(x_i, y_i) \tag{2-15}$$

反距离插值算法可以通过使用满足条件的所有点的值以及插值原点并使用这些点到待插值点的空间距离的倒数作为权值，计算最终待插值点的值

（3）克里金插值。

克里金法（Kriging）是依据协方差函数对随机过程（随机场）进行空间建模和预测（插值）的回归算法。基于一般最小二乘算法的随机插值技术，用方差图作为权重函数。这一技术可应用于任何需要用点数据估计其在地表上分布的现象。克里金插值包括普通克里金、改进克里金（泛克里金、协同克里金、析取克里金）和混合算法（回归克里金、神经网络克里金、金贝叶斯克里金）。

项目研究中应用 Python 语言编制了克里金插值函数，可通过输入原始数据坐标及该点处的值，生成克里金模型，并获得目标点处的估计值及误差（见图 2-33）。

根据地理学第一定律（the first law of geography），地理空间上的所有值都是互相联系的，且距离近的值具有更强的联系。随机场使用协方差函数对上述结论进行刻画，对应高斯过程回归（GPR）理论中的"核函数（kernel function）"。使用克里金法需

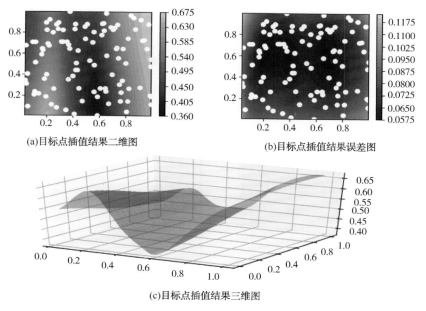

(a)目标点插值结果二维图　　　　　　(b)目标点插值结果误差图

(c)目标点插值结果三维图

图 2-33　100 个随机点的克里金插值函数测试

要随机场满足两个假设：

①随机场的数学期望存在，且与位置无关；

②对随机场内任意两点，其协方差函数仅是点间向量的函数。

满足上述假设的随机过程被称为固有平稳过程（intrinsically stationary process），二阶平稳过程（second-order stationary process）是其特例。平稳高斯过程不仅是严格的平稳过程，而且在许多问题中是一个理由充分的假设，因此克里金法有部分研究完全基于高斯随机场展开。

克里金法通常假设固有平稳过程是各向同性（isotropy）的，即其协方差函数仅是点间欧氏距离（Euclidean distance）的函数。各向同性随机场可以直接使用变异函数（variogram）进行建模，简化了克里金法的求解步骤。此外，一些特定类型的各向异性，例如几何各向异性（geometric anisotropy）可以通过坐标变换转化为各向同性。

类似于高斯过程回归，克里金法不要求样本服从特定的概率分布，但实践中当样本没有偏斜数据时，克里金法往往有好的效果。

（4）自然邻点插值。

自然邻点插值算法（Natural Neighbor Interpolation，NNI），也被称为 Area Stealing 插值法，该方法广泛应用在地球物理建模、表面重构、科学计算可视化以及计算流体力学等领域。自然邻点插值方法是一种基于 Delaunay 三角网和 Voronoi 图的插值方法。自然邻点插值所具有的优良特性，使其成为地球物理网格化处理最为合适的一种插值算法之一。该方法主要有以下三个特性：

①原始点在经过自然邻点插值后，仍然保持不变；

② 插值过程是局部的，待插点的值只受其周围的点（自然邻点）的影响；

③ 除了原始点以外，插值函数的一阶导数处处连续。

研究中采用 Python 语言编制了自然邻点插值函数，可通过输入原始数据点坐标及该点处的值，计算获得目标点处的估计值（见图 2-34）。

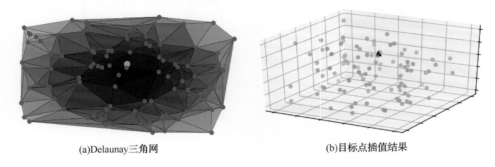

(a)Delaunay三角网　　　　　　　(b)目标点插值结果

图 2-34　100 个随机点的自然邻点插值函数测试

（5）二维插值与三维插值。

对于原始图像，可采用二维插值，也可以采用三维插值。二维插值仅在深度方向上插值，而三维则在三维空间中对数据点进行插值。二维插值与三维插值方法的对比如图 2-35 所示。对于二维插值，目标点(x_0, y_0, z_0)处的值 v_0 受到插值面内已知点的 v 值的影响，而在三维插值中，目标点(x_0, y_0, z_0)处的值 v_0 受到空间内所有已知点的 v 值的影响。

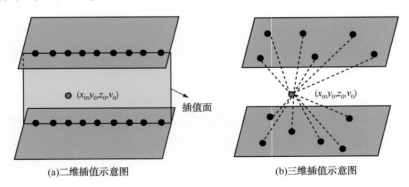

(a)二维插值示意图　　　　　　　(b)三维插值示意图

图 2-35　二维插值与三维插值方法示意图

（6）插值方法优选。

对比采用分片二维插值和全三维插值的图像（见图 2-36），分片插值的图像清晰，特征突出，与原图比较特征较为接近。因此，本研究采用二维线性插值。

图 2-36（a）为使用反距离加权插值的全三维插值，图 2-36（b）为使用线性插值的局部分片插值得到的中间像素图像。从两张图中可以看出，由于图中存在为白色的孔隙流动通道，也存在黑色的不可流动的无效流动区域，全三维的反距离加权插值会引入不可流动区域的孔隙值进行插值运算，使得最终结果图像中白色有效流动

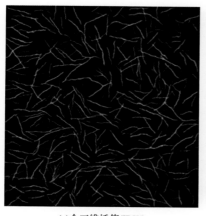 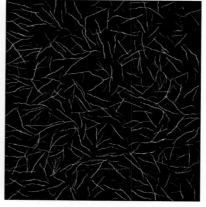

(a)全三维插值(IDW)　　　　　　　(b)分片二维插值

图 2-36　全三维插值和分片二维插值插值效果对比图

区域被黑色流动区域平均，出现有效孔隙和无效孔隙的模糊化，图像特征不够显著。而图 2-36(b)采用线性插值算法得到的结果的有效孔隙和无效孔隙的对比较为显著，特征明显，与原始图像特征较为接近。

故软件中最终采用的方法为分片二维插值算法。

2）图片值域处理

在对图像分析前，需要对图像进行值域处理。值域处理需要查找典型阈值，通过结合图像灰度直方图和油藏孔隙分类理论，采用"基于直方图的值域处理方法"。将所有孔隙统计成直方图，寻找双峰的谷底作为阈值。

图像值域处理的具体步骤包括：

（1）统计每张图片的孔隙像素；

（2）绘制像素直方图；

（3）移动平均平滑直方图数据；

（4）找到唯一的谷底阈值作为值域处理阈值；

（5）如果不存在唯一的谷底阈值，则对图像灰度分布数据再进行移动平均运算，直到找到唯一的谷底阈值，作为阈值。

如图 2-37 所示，以其中一张图（Slice_ T74+40ms_ down_ 0. asc）的处理结果为例，通过对该图片的孔隙度数据进行统计（0~255），并绘制图像灰度分布直方图，得到孔隙（灰度）分布直方图。按照上述流程进行计算，将最终得到的图中双峰的谷底作为阈值。

3）图像骨架提取

骨架提取是在图像值域处理基础上进行的像素处理。这种算法能将一个连通区域细化成一个像素的宽度，用于特征提取和目标拓扑表示。项目需要描述孔隙中的流动通道的结构，同时分析可知孔隙通道具有一定的拓扑结构特征。所以在表达出

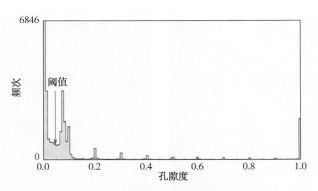

图 2-37　所有孔隙(灰度)分布直方图及阈值

流动通道的同时保留孔隙通道的拓扑特征，需要采用合适的骨架提取方法。

　　针对二维图像的骨架提取方法分为两类：模板刻蚀和中轴变换。模板刻蚀是从目标外围往目标中心，利用以待检测像素为中心 3×3 像素窗口的特征，对目标不断腐蚀细化，直至不能再腐蚀(单层像素宽度)，就得到了图像的骨架。

　　中轴变换，也称为焚烧草地技术(grass-fire technique)。中轴是所有与物体在两个或更多非邻接边界点处相切的圆心的轨迹。但提取骨架很少通过在物体内拟合圆来实现。概念上，中轴可设想成按如下方式形成：想象一片与物体形状相同的草，沿其外围各点同时点火；当火势向内蔓延，向前推进的火线相遇处各点的轨迹就是中轴。可见火头相遇点到边界的距离一定相等。

　　但是从文献中可以发现，模板刻蚀在一定情况下不能保持图像的拓扑结构(流动路径上拓扑结构十分重要)，所以本项目采用中轴变换的方法提取骨架。以其中一张图片处理结果为例，采用 Python 语言编程，中轴变换处理方法的处理结果如图 2-38所示。

(a)值域处理后的图像　　　　　　　　　　　　(b)中轴变换后的图像

图 2-38　中轴变换图像骨架提取方法结果

提取骨架图像的运算中轴变换的流程为：

(1) 获取原始图像的高、宽和首地址。

（2）如当前像素为白，是背景，就跳过该像素。

（3）如当前像素为黑，是物体，则定义一个 5×5 的邻域 A 模板，计算 A 中各个位置上的值；为防越界，从第 3 行第 3 列开始判断，把 A 中心覆盖在想要判断的像素上，如果 A 所覆盖的位置，像素为白，是背景，则在 A 上同样的位置设置 0，否则目标像素为黑。

（4）遍历全部像素点，依次判断第一次删除的条件，4 个都满足则删除该点，不满足则判断下一个像素点。

（5）第一次遍历结束后，对处理后的图像用同样的方法进行第二次删除条件的判断。

（6）反复执行流程④、流程⑤，直至没有可删除的点。

（7）生成中轴变换后的结果，并保存。

4）生成路径连通关系

通过中轴变换方法提取了所有连通路径的拓扑结构，并通过借鉴 LBM 方法中的邻域和连通关系的定义，在二维空间内为每一个细化后的可流动像素位置，使用 8 连通的 3×3 滤波器，对每一个流动像素的邻域进行查找，并保留连通关系（见图 2-39）。

具体算法流程如下：

（1）获取图片像素矩阵，并为矩阵添加固定宽度的填充矩阵（这里为增加一层填充矩阵）作为边界。

（2）获取目标流动区间中的像素位置。

（3）选取一个流动像素作为目标分析像素。

（4）如图 2-39 所示，查找目标像素的 8 连通邻域是否为可流动像素（有效流动孔隙），如果为可流动像素，则获取像素的编号，将其与中心像素编号的连通关系进行记录。

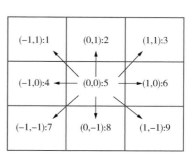

图 2-39　8 连通邻域关系和对应位置编号

（5）查找完成 8 邻域空间之后，进行下一个目标像素的查找。

（6）获取所有可流动像素的连通关系，按照连通像素对的两个元素的大小关系进行重新排序，删除重复的连通关系。

5）路径查找

提取骨架之后的，所有连通路径宽度变为单像素宽度，路径连通变得清晰，同时不丢失图像连通拓扑结构。对图像中流动通道进行标号、排序，同时通过邻域查找或者图像滤镜方法（Image Filter）实现孔隙连通性查找分析，从而将图像关系建立成为图（graph）关系。

此时建立的图只具有欧式空间权值，能反映一部分的连通与流动关系。通过对图（graph）的边（edge）和顶点（vertex）进行赋值加权，得到能反映实际流动结构的图，通过对完善后的图进行最小权值路径查找，就能得到优势水流通道。

最小权值路径查找的算法为迪杰斯特拉(Dijkstra)算法，是一个在图论中使用的最短路径查找算法，用于计算一个节点到其他节点的最短路径。它的主要特点是，以起始点为中心向外层扩展(广度优先搜索思想)，直到扩展到终点为止。

算法思想为：

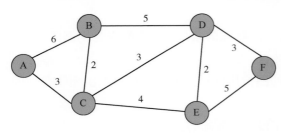

图 2-40　Dijkstra 算法示意图

如图 2-40 所示，设 $G=(V, E)$ 是一个带权有向图，把图中顶点集合 V 分成两组，第一组为已求出最短路径的顶点集合(用 S 表示，初始时 S 中只有一个源点，以后每求得一条最短路径，就将加入集合 S 中，直到全部顶点都加入 S 中，算法就结束了)，第二组为其余未确定最短路径的顶点集合(用 U 表示)。按最短路径长度的递增次序依次把第二组的顶点加入 S 中。在加入的过程中，总保持从源点 v 到 S 中各顶点的最短路径长度不大于从源点 v 到 U 中任何顶点的最短路径长度。此外，每个顶点对应一个距离，S 中的顶点的距离就是从 v 到此顶点的最短路径长度，U 中的顶点的距离是从 v 到此顶点只包括 S 中的顶点为中间顶点的当前最短路径长度。

算法流程为：

(1) 初始时，S 只包含源点，即 $S=\{v\}$，v 的距离为 0。U 包含除 v 外的其他顶点，即 $U=\{$其余顶点$\}$，若 v 与 U 中顶点 u 有边，则<u, v>正常有权值，若 u 不是 v 的出边邻接点，则<u, v>权值为∞。

(2) 从 U 中选取一个距离 v 最小的顶点 k，把 k 加入 S 中(该选定的距离就是 v 到 k 的最短路径长度)；

(3) 以 k 为新考虑的中间点，修改 U 中各顶点的距离；若从源点 v 到顶点 u 的距离(经过顶点 k)比原来距离(不经过顶点 k)短，则修改顶点 u 的距离值，修改后的距离值的顶点 k 的距离加上边上的权。

(4) 重复上述步骤②和③直到所有顶点都包含在 S 中。

根据上述思想，利用 Python 编程，提取白色像素的有效流动路径，建立像素路径连通关系，最后利用 Dijkstra 算法，查找该连通条件下的最短路径，并使用红色像素在图上进行标注并显示，得到一张图的最短路径如图 2-41 所示。

从细化的结果可以看出，通过阈值剖分和细化之后的路径能够很好地保留

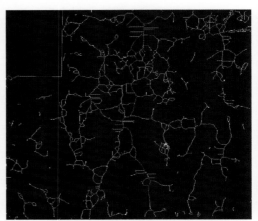

图 2-41　空间最短路径示意图

原始流动通道的拓扑结构，但该方法得到的结果是单宽度的流动通道，且只包含路径长度参数，其他参数并未包含在内，参数对优势通道的优选不够全面，同时单像素宽度的路径不能很好地反映实际的流动通道。基于以上原因，需要完善路径参数计算方法，同时更加直观地还原流动路径通道。

2.4.3 权值计算与最短路径求解

本项目的最短路径指的是权值最短路径，需要结合空间路径权值（边的权值）和路径属性权值（定点权值），所以加权方法和权值计算是重点。

本项目的权值计算方法基于达西公式，采用达西定律的离散形式，借鉴了数字岩芯中关于复杂岩芯流动通道的渗透率的计算方法（串联和并联通道）。根据达西公式对优势流动通道的定义，流量 Q 最大的通道（路径）即为优势通道。

1）基础模型

通过前文中轴变换方法以及可流动孔隙像素连通关系，得到了基于实际空间最短距离的路径，但是该路径宽度为单像素，且该路径的权值为每两个流动孔隙之间的空间距离（欧式距离），不能够完全确定为优势流动通道，还需根据达西渗流理论确定最佳的流动通道。

2）离散达西定律

达西定律确定了线性流动下的渗流规律，连续达西定律为：

$$Q = \frac{kA\Delta p}{\mu \Delta x} \tag{2-16}$$

式中，Q 为流量；k 为渗透率；A 为渗流面积；Δp 为渗流压差，为渗流的动力；μ 为流体黏度；Δx 为岩芯长度。

令渗流阻力为 R，上式可改写为：

$$Q = \frac{\Delta p}{R} \tag{2-17}$$

其中：

$$R = \frac{\mu \Delta x}{kA} \tag{2-18}$$

由于流动过程中流体黏度 μ 为定值，故对渗流阻力的大小没有影响。根据基础模型的情况可知，以上方式得到的基础模型为由节点和边确定的离散渗流模型，其求解区域为离散的孔隙像素点。

故需将达西定律离散化，在微小渗流单元内，流体渗流阻力可表示为：

$$R_i = \frac{\Delta x_i}{k_i A_i} \tag{2-19}$$

式中，Δx_i 为第流动路径上的第 $i-1$ 个孔隙和第 i 个孔隙的空间距离（边的长度）；k_i 为第 i 个孔隙的渗透率（KC 公式求解）；A_i 表示第 i 个孔隙的流动面积（二维空间表示流动宽度，由最大球算法来确定）。

考虑到单宽度的单向单条流动通道的阻力为线性叠加（串联机理），即：

$$R=R_1+R_2+\cdots=\sum R_i \qquad (2-20)$$

也就是说，每两个连接节点之间（每两个可流动孔隙节点）按照串联模式计算流动阻力。注入井到生产井的流动阻力即为流动路径上每两个连通孔隙点之间区域阻力的线性叠加。

3）优势通道的计算

根据达西定律，流量与压差和渗流阻力的比值成正比，即：

$$Q\sim\frac{\Delta p}{R} \qquad (2-21)$$

在已知注入井和产出井的压差的情况下（Δp 已知），查找到阻力最小的路径即为优势通道。从而优势通道的求解转化为渗流阻力 R 最小路径的求解，也即渗透率 K_i 和过流面积 A_i 的求解。

（1）渗透率求解。

K_i 表示流动块的渗透率，K_i 的求解采用 Kozeny-Carman 公式计算：

$$D=\sqrt{\frac{36\times c\times(1-\phi)^2\times K}{\phi^3}} \qquad (2-22)$$

$$K=\frac{D^2\times\phi^3}{36\times c\times(1-\phi)^2} \qquad (2-23)$$

式中，ϕ 为多孔介质的孔隙率；D 为固体颗粒直径；c 为 KC 常数，Carman 指出均匀球形颗粒床的 KC 常数为 4.8 ± 0.3，故 KC 常数通常近似为 5。

在同一个油藏条件下，固体颗粒的大小近似一致，且 KC 常数为定值，故每个孔隙点的渗透率为该点孔隙度的函数，即：

$$K\sim\frac{\phi^3}{(1-\phi)^2} \qquad (2-24)$$

（2）流动宽度的求解（最大球算法）。

A_i 表示过流面积，在二维流动的方式中表示流道垂线半径，采用最大球方法计算。

该方法由 Silin、Dong 等提出。在二维图像获取之后，我们需要提取孔隙空间拓扑结构且构建其数学模型用来计算岩芯的孔隙参数。这里提到的最大球模型是在检测所有孔隙点之后获取每个孔隙点的最大内切球，然后删除多余的球，再彼此组成链路来反映孔隙空间结构的。

最大球模型原理：在以孔隙中寻找一个点为中心生成一个球，在球面接触到岩石点，得到该点的最大内切球之前不断地增大球半径。最大球（球半径）和簇是最大球方法提取孔隙网络模型的两个基本概念。

① 最大球。

体素：在三维空间中的可对空间信息进行数据记录、处理和对数据进行最小体积表示的单元。

孔隙（骨架）体素：在数字岩芯中是用来表示孔隙（骨架）部分的最小体积单元。

内切球：在碰到最近的骨架体素之前以孔隙体素为球心不断地向四周等速延伸，得到的区域中的所有体素的集合。

最大球：一个不被其他球所完全包含的且完全处于孔隙空间的球。一个局部的最大的"最大球"所得到的就是孔隙体，而喉道是经过搜取连接孔隙体间"最大球"来获取的。

② 最大球半径。用球心 C 及半径 R 来定义一个球体通常应用在连续介质中。由一个个具有不连续性的体素相互组合成了图像，而一系列离散的体素点构成了三维数字岩芯图像。由此可知，每个最大球是一种由一系列离散体素点构成的数据体，而不是真正意义上的圆形球体。

③ 簇。最大球集合完全可以用来表示数字岩芯的孔隙空间。单簇和多簇的存在意义就是为了对孔隙空间的拓扑结构进行分析。

单簇的定义是任一存在于最大球集合中的最大球及与它本身相交且半径不大于此球的最大球的集合。描述簇内各元素之间的关系，通常采用树这种数据结构。主结点的定义是任意的最大球，节点的定义则是与其自身相交且半径不大于此球的最大球。

最大球算法的步骤包括以下方面。

① 内切球的建立。孔隙网络模型的初始数据是在最大球理论方法基础上提取得到的三维数字岩芯的矩阵形式。其中的骨架体素和孔隙体素是用类似于 0 和 1 这样的整数来分别表示的。在一般情况下，数字岩芯孔隙空间中每个体素点对应的最大球的大小及位置可以通过两步走算法来确定，同时可以得到包含孔隙空间各个体素对应的内切球集合。这个两步走算法就是：首先以 1 个孔隙体素为中心来扩张寻找，在 26 个不同方向的基础上寻求最近碰到的骨架体素的方向，算法终止的情况是在距离孔隙体素最近的骨架体素或边界在这 26 个方向中的某一方向寻得；接下来的一步是确定此体素是最大的范围，寻找真正的内切球。此时是在采取收缩算法的基础上对该范围内的体素逐一检查。之后的每个体素的内切球也是采用同样的方法寻找到的。最后对此范围中的各个体素进行检测，确定内切球的半径上、下界限。

② 冗余球的删除。有的最大球是完全被另一个最大球包含的，在这种情况下，对孔隙表征而言，最大球是没有意义的，多余的球需从集合中删掉。假定两个最大球 A 和最大球 B 均为内切球，而 C_A、C_B 代表它们各自的球心，R_A、R_B 代表它们各自的半径，且有 $R_A > R_B$，则：

$$|C_A C_B| < |R_A - R_B| \tag{2-25}$$

如果满足上述条件，则 B 就是多余的球，需要将其删掉。

③ 孔隙吼道的识别。最大球集合是去掉冗余球之后所得的内切球集合。属于孔隙或喉道的识别是采取成簇算法按半径从大到小对最大球集合中的所有元素进行排序，并且根据尺寸将其划分为一系列的包含尺寸相同的最大球的子集来确定的。

④ 孔隙网络模型参数的计算。孔喉的尺寸和长度以及孔喉道的形状因子等的计算是建立孔隙网络模型必不可少的前提条件。

（3）最大球算法实现（原创）。

① 常规最大球算法。

本文采用的最大球算法是将细化后的路径节点依次作为目标节点，同时将离其最近的不可流动孔隙（白色孔隙）的空间距离作为最大球的半径，并记录下以目标节点为中心，从而确定最大球半径内的所有可流动像素，并放置于该目标位置的子集下，方便后期路径重现时使用。

② 优化最大球算法。

从常规最大球算法的实现过程可以看到，每一个目标孔隙均会与所有的不可流动像素进行距离运算。从第 1 章的原始数据中可以发现，该数据的每一个层位的分辨率为 649×609。且通过二值阈值剖分情况可知，可流动孔隙度为 10%，故可流动孔隙的像素个数为 3.6 万个，每个可流动孔隙均会与所有不可流动孔隙进行距离计算，计算量巨大，耗时漫长。故本文提出了一种提速最大球算法，可以有效减小计算量，节约计算时间。计算流程如下：

a. 按照阈值剖分流动孔隙和非流动孔隙；

b. 选取一组 5×5 的邻域模板，查找邻域空间内是否存在不可流动孔隙，如果存在，则将离中心目标孔隙最近的不可流动孔隙的距离作为最大球的半径；

c. 如果不存在，将邻域模板的半径增大，返回步骤 b 再次进行；

d. 找到最大球半径之后，以最大球半径为邻域模板半径再次使用邻域模板，找到模板内的所有距离小于等于最大球半径的可流动孔隙，作为该中心可流动孔隙的流动覆盖区域并记录。

2.4.4 统计路径分类

1）权值的加权计算方法

流动通道的权值实际上是两个顶点和一条边组成的基础单元的权值的叠加。对于单元权值来讲，边的长度表示为 Δx，渗透率 K_i 和过流面积 A_i 均为顶点属性，其加权方式为：

$$\frac{1}{K_i}=\frac{1}{K_1}+\frac{1}{K_2}$$

$$\frac{1}{A_i}=\frac{1}{A_1}+\frac{1}{A_2}$$

(2−26)

通过上述方程表达式，可以知道流动路径上的每个节点处的流动半径及渗透率的加权方式，通过这种方式可以将节点权值转换到边的权值上。

2）孔隙分类

（1）简单阈值剖分法。

对于孔隙，按照孔隙度的分布，简单地分为三类，即一级孔隙（$x<0.33$）、二级孔隙（$0.33<x<0.66$）、三级孔隙（$x>0.66$）。统计数据按照最大球方法进行计算和统计。

（2）Kmeans 及 Kmeans++方法。

① Kmeans 算法。聚是一个将数据集中在某些方面相似的数据成员进行分类组织的过程，聚类就是一种发现这种内在结构的技术，聚类技术经常被称为无监督学习。

k 均值聚类是最著名的划分聚类算法，由于简洁和效率使得它成为所有聚类算法中最广泛使用的。给定一个数据点集合和需要的聚类数目 k，k 由用户指定。k 均值算法根据某个距离函数反复把数据分入 k 个聚类中。

算法流程如下：

a. 给各个簇中心以适当的初值。

b. 更新样本 x_1，x_2，$\cdots$，x_n 对应的簇标签 y_1，y_2，$\cdots$，y_n：

$$y_i \leftarrow \mathrm{argmin} \parallel x_i - \mu_y \parallel^2, \quad i=1, 2\cdots n \tag{2-27}$$

argmin 是使目标函数取最小值时的变量值。

c. 更新各个簇中心 μ_1，μ_2，$\cdots$，μ_c：

$$\mu_y \leftarrow \frac{1}{ny_{i:\ y_i=y}} \sum x_i \tag{2-28}$$

式中，$y=1$，2，$\cdots$，c；n_y 为属于簇 y 的样本总数。

d. 直到簇标签达到收敛精度为止，否则重复步骤 b 和 c 的计算。

② Kmeans++算法。由于 Kmeans 算法的分类结果会受到初始点的选取而有所区别，因此提出这种算法的改进：Kmeans++。

其实这个算法也只是对初始点的选择有改进而已，其他步骤都一样。初始质心选取的基本思路就是，初始的聚类中心之间的相互距离要尽可能远。

a. 算法描述。

b. 随机选取一个样本作为第一个聚类中心 c1。

c. 计算每个样本与当前已有类聚中心最短距离（与最近一个聚类中心的距离），用 $D(x)$ 表示；这个值越大，表示被选取作为聚类中心的概率较大；最后，用轮盘法选出下一个聚类中心。

d. 重复步骤 b，知道选出 k 个聚类中心

e. 选出初始点后，继续使用标准的 Kmeans 算法。

Kmeans 和 Kmeans++对孔隙数据的分类结果如图 2-42 所示。

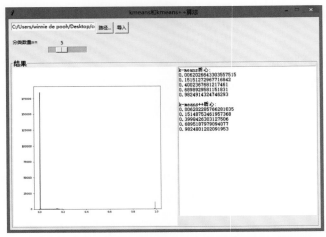

图 2-42 Kmeans 和 Kmeans++ 对孔隙数据的分类结果

2.4.5 邻域修正

在实际的孔隙度分类和路径计算过程中，单纯地以某一阈值作为预处理条件的方式存在缺陷，即某些端点孔隙存在可连通性，但是通过绝对的阈值判定可流动孔隙和非可流动孔隙无法将这种连通性完全判断出来，这时通过单法则的方法处理的结果就不完全正确，故需要对端点(度为 1 的流动路径)进行路径完善和补充，利用的算法为膨胀算法。

算法流程如下：

(1) 找到细化路径中度为 1(表示端点)的顶点；

(2) 对每个端点进行以固定半径的圆盘为模板的膨胀(或者腐蚀运算)；

(3) 将腐蚀得到的结果与原始图片进行叠加；

(4) 再次进行中轴变换，提取流动路径；

(5) 识别和查找路径，将改变查找到的路径与原始路径贴合，从而还原断点的连通情况，如图 2-43 所示。

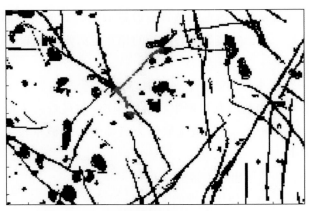

图 2-43 邻域修正与路径通过断点示意图

从图 2-43 可以看到，路径中间存在一个未连通的断点，但是通过算法修正路径之后，断点两端已经连通，红色的路径已经被还原。否则会出现中间断点无法连通的情况。

2.5　连通路径搜索软件与实例计算

2.5.1　软件组成

软件由登录界面、主界面和三维展示界面组成（见图 2-44、图 2-45）。

图 2-44　软件登录界面

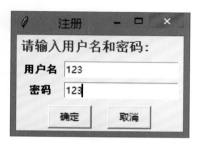

图 2-45　软件注册界面

用户信息采用混合 uuid 和 hash 加密的方式进行加密，信息匹配采用正解的方式。

软件主界面具有数据读取功能：孔隙度图像分布再现最短路径（加权最短和地理最短），单对单或者多对多的路径参数显示，断点再连的膨胀参数选择以及三维图像显示（见图 2-46、图 2-47）。

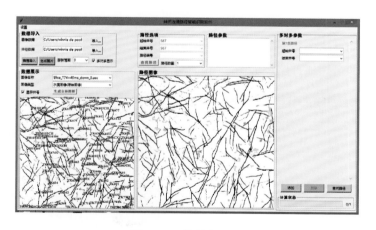

图 2-46　软件主界面

三维图形显示是将多张图像叠加所得到的结果，可以使用 3D_label 显示井名和井位，同时显示井间连通路径。

图 2-47　三维图形显示

2.5.2　计算实例

1）计算实例 1

按照上述图像处理及分类方法，以 2 口井为例，求解最优路径。2 口井的基本情况如表 2-2 所示。

表 2-2　井位置坐标

井位名称	X 坐标	Y 坐标
1FTK497XB-1	15242977	4582802
TK4103	15246628.01	4582889.01

查找得到的最优路径如图 2-48 所示。

查找得到的最短地理路径如图 2-49 所示。

图 2-48　最优路径查找结果

图 2-49　地理最短路径

查找得到的 5 条加权路径如图 2-50 所示。

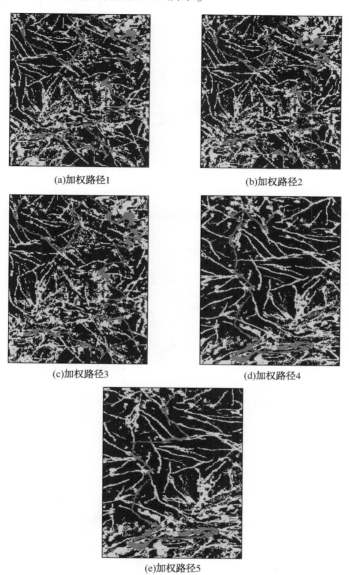

(a)加权路径1　　　　　　(b)加权路径2

(c)加权路径3　　　　　　(d)加权路径4

(e)加权路径5

图 2-50　多条加权最短路径示意图

各个路径的情况对比如表 2-3 所示。

表 2-3　各个路径结果参数表

路径编号	步数	路径权值长度	孔隙分类			
			$P<0.2$	$0.2<P<0.33$	$0.33<P<0.67$	$0.67<P<1$
1	980	106.6	282.7	201.7	335.4	576.3
2	1027	129.4	292.6	203.3	327	557.3
3	1031	129.4	293.5	203.3	327	557.3

路径编号	步数	路径权值长度	孔隙分类			
			$P<0.2$	$0.2<P<0.33$	$0.33<P<0.67$	$0.67<P<1$
4	538	143.2	122.3	119.2	207.6	272.1
5	511	157.9	116.1	105.9	208.3	278.1
地理最短路径	323	104.0(原始权值)	58.21	72.2	128.2	142.1

2）计算实例 2

该计算实例采用 S80 井组的数据，主要展示软件的多对多的路径结果和一对注采关系条件下的三维路径重现（见图 2-51、图 2-52）。

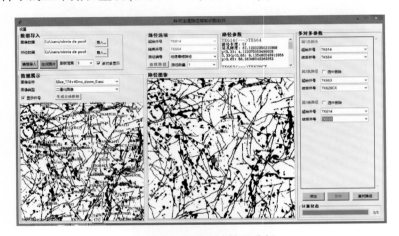

图 2-51　多对多计算及分析

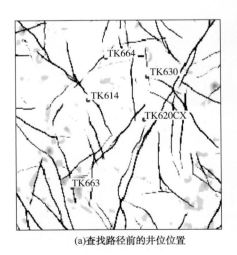

(a)查找路径前的井位位置

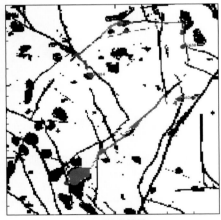

(b)路径结果

图 2-52　多对多计算及分析

本算例计算的为 TK614 和 TK664、TK663 和 TK626CX 以及 TK614 和 TK630（见表 2-4）。

表 2-4　多条路径参数结果

路径编号	步数	总孔隙度	孔隙分类		
			$P<0.33$	$0.33<P<0.67$	$0.67<P<1$
TK614—TK664	57	67.12	4.12	6.14	56.86
TK663—TK626CX	110	169.7	29.96	23.76	115.44
TK614—TK630	123	79.9	8.85	6.62	64.45

　　软件还能根据一对注采井组在不同层位的路径关系，重现整个层位的路径三维图，如图 2-53~图 2-56 所示。

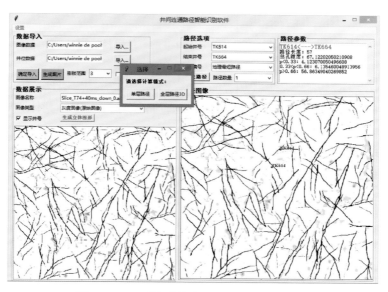

图 2-53　一对注采井全层路径计算显示选项

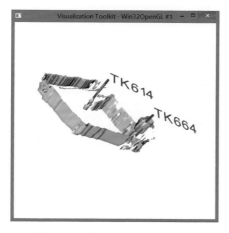

图 2-54　TK614 和 TK664 井的
三维路径绘制

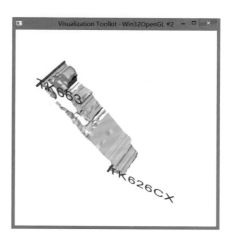

图 2-55　TK663 和 TK626CX 井的
三维路径绘制

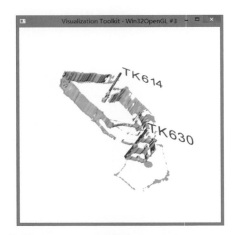

图 2-56　TK614 和 TK630 井的三维路径绘制

3）应用实例

针对不同岩溶区井区实际资料开展了连通路径分析工作，具体选取了新钻井 TH102109 井区及塔河老区 TK694 井区开展相关工作。

（1）TH102109 井区。

新井 TH102109 酸压时套管破裂，邻井压力上涨，水侵严重，依据常规方法刻画的裂缝网络找不到连通依据。目前井间连通路径识别困难，无法有效指导下步开发措施制定。前期认为，深部暗河沟通了邻井。由于断裂带较破碎，地表水向下、向西溶蚀，形成 3 条潜流带，发育深度 300m 左右（见图 2-57）。但将深部暗河作为连通路径的认识与邻井见水响应序号不匹配。同时，位于连通路径上的 TH10232 井没有见到动态响应。可见暗河并非该井区井间连通的决定因素。

根据新方法完成相应的缝洞刻画图（见图 2-58），新发现 T_7^4 下 80~150m 发育北东东向次级裂缝。见效井均位于北东向裂缝两侧，受裂缝及距离影响，造成生产上不同的见水响应顺序。

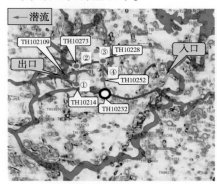

(a)相干、水系、振幅变化率叠合(0~100ms)

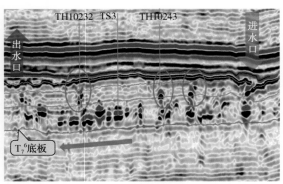

(b)深部潜流带剖面

图 2-57　TH102109 井区前期刻画的潜流带通道

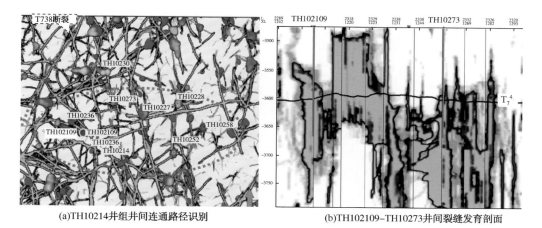

(a)TH10214井组井间连通路径识别　　　　(b)TH102109-TH10273井间裂缝发育剖面

图 2-58　新刻画井间裂缝通道及其地震剖面

（2）TK694 井区。

该井区前期研究得到的 T_7^4 浅层裂缝预测结果与井间注气受效关系不完全匹配（见图 2-59）。

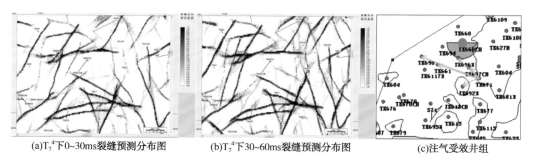

(a)T_7^4下0~30ms裂缝预测分布图　　(b)T_7^4下30~60ms裂缝预测分布图　　(c)注气受效井组

图 2-59　TK694 井区前期裂缝预测及注气受效井组

从该井区缝洞体预测，以及局部地貌水系来看，该井区浅层缝洞体发育，具有构造上的水系特征，走向均与注气受效井组相一致。本次研究的裂缝识别结果以及软件路径搜索结果，也进一步表明表生岩溶区连通路径主要受 T74 浅层岩溶管道控制（见图 2-60、图 2-61）。

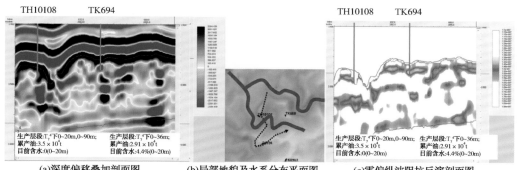

(a)深度偏移叠加剖面图　　　(b)局部地貌及水系分布平面图　　　(c)零偏纵波阻抗反演剖面图

图 2-60　TK694 井组构造地貌与缝洞体预测

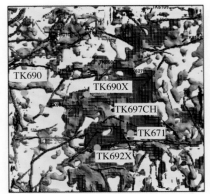

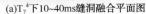

(a)T_7^4下10~40ms缝洞融合平面图　　　　　　　　(b)T_7^4下10~40ms井间连通路径分析图

图2-61　TK694井区缝洞路径分析结果

3 基于压力叠加原理的井间连通性定量研究方法

针对缝洞型碳酸盐岩油藏井间连通表征方法，近几年研究人员有所研究，但涉及定量的表征方法没有相关研究。除了国内提到的分析井间连通性的常规手段之外，国外这方面的工作主要是通过分析油田动态数据，研究注采量的相关关系，从而反演出油水井间动态连通性情况。

总的来讲，目前国外关于井间动态连通性反演技术的研究方法比较单一，没有对油水井动态资料信号的噪声、信号传播的时滞性、衰减性和井间干扰问题进行系统研究。因此有必要系统地研究注入信号在油藏中的传播特性，建立一套矿场实用的井间动态连通性反演技术。

3.1 油藏井间连通性反演模型的建立

我们的模型从无限大地层平面径向流一口生产井的任意一点压力随产量的关系出发。

假设：均质无限大地层，有一口变产量生产井，则地层任意一点处的压力变化可用下式表达：

$$\frac{\mu}{4\pi kh}\int_0^t \frac{q_{o1}(\tau)}{(t-\tau)}e^{-r_w^2/d_{01}(t-\tau)}\mathrm{d}\tau = P_i - P(r, t) \tag{3-1}$$

若将该点取为生产井井底，则得到井底流压与产量的关系：

$$\frac{\mu}{4\pi kh}\int_0^t \frac{q_{o1}(\tau)}{(t-\tau)}e^{-r_w^2/d_{01}(t-\tau)}\mathrm{d}\tau = P_i - P_{wf1} \tag{3-2}$$

若考虑除了该生产井之外，还有一口注水井及另一口生产井，则该井的井底流压与产量以及注水量、另一口生产井的产量之间的关系可表示为：

$$\frac{\mu}{4\pi kh}\int_0^t \frac{q_{o1}(\tau)}{(t-\tau)}e^{-r_w^2/d_{01}(t-\tau)}\mathrm{d}\tau + \frac{\mu}{4\pi kh}\int_0^t \frac{q_{o2}(\tau)}{(t-\tau)}e^{-r_{o12}^2/d_{12}(t-\tau)}\mathrm{d}\tau + \cdots$$

$$= P_i - P_{wf1} + \frac{\mu}{4\pi kh}\int_0^t \frac{q_w(\tau)}{(t-\tau)}e^{-r_{i1}^2/d_1(t-\tau)}\mathrm{d}\tau + \cdots \tag{3-3}$$

式(3-3)就是我们建立反演模型的基础表达式。

若等式两边同时除以积分号前面的部分，并且将积分的部分简化记为：

$$Q_{0i}(\tau) = \int_0^t \frac{q_{oi}(\tau)}{(t-\tau)} e^{-r_w^2/d_{0i}(t-\tau)} d\tau \tag{3-4}$$

$$Q_{0j}(\tau)' = \int_0^t \frac{q_{oj}(\tau)}{(t-\tau)} e^{-r_{oij}^2/d_{ij}(t-\tau)} d\tau \tag{3-5}$$

$$Q_{wi}(\tau)' = \int_0^t \frac{q_w(\tau)}{(t-\tau)} e^{-r_{i1}^2/d_1(t-\tau)} d\tau \tag{3-6}$$

对第一口生产井可以简记为：

$$Q_{01}(\tau) + Q_{02}(\tau)' + \cdots = J(P_i - P_{wf1}) + Q_{W1}(\tau) \tag{3-7}$$

对第二口生产井：

$$Q_{02}(\tau) + Q_{01}(\tau)' + \cdots = J(P_i - P_{wf2}) + Q_{W2}(\tau) \tag{3-8}$$

如果忽略其他生产井的生产对该生产井的影响，则上式变为：

$$Q_{01}(\tau) = J(P_i - P_{wf1}) + Q_{W1}(\tau) \cdots \tag{3-9}$$

$$Q_{02}(\tau) = J(P_i - P_{wf2}) + Q_{W2}(\tau) \cdots \tag{3-10}$$

式（3-3）是针对均质地层的，因此，积分号前面的部分可以同时约掉。如果对于非均质地层，还想沿用式（3-3），这时，积分号前面的部分就是近似的表示方法了，那么式（3-7）、式（3-8）就变为以下的形式：

$$Q_{01}(\tau) + C_{12}Q_{02}(\tau)' + \cdots = J(P_i - P_{wf1}) + C'_{11}Q_{W1}(\tau)' \cdots \tag{3-11}$$

$$Q_{02}(\tau) + C_{12}Q_{01}(\tau)' + \cdots = J(P_i - P_{wf2}) + C'_{21}Q_{W2}(\tau)' \cdots \tag{3-12}$$

式（3-9）、式（3-10）变为以下的形式：

$$Q_{01}(\tau) = J(P_i - P_{wf1}) + C'_{11}Q_{W1}(\tau)' \cdots \tag{3-13}$$

$$Q_{02}(\tau) = J(P_i - P_{wf2}) + C'_{21}Q_{W2}(\tau)' \cdots \tag{3-14}$$

式中，系数 C 就作为注水井与生产井间的连通系数，它的意义是该注水井对该生产井的相对贡献，也可作为注水量的相对劈分量。如果注水井的注水量都对生产井产生影响，则注水量的相对劈分量之和就等于 1。

以下是忽略其他生产井影响时，每个生产井理论产液量的表达式，考虑生产井影响时，与此类似。可以看出，这个产液量与本井的井底流压、原始地层压力有关，这两者构成了该井的初始产液量。产液量跟注水量有关，还跟注采井之间的地层条件和井的位置有关，它反映在井间连通系数上。具体表达式为：

$$\begin{cases} \int_0^t \frac{q_{o1}(\tau)}{(t-\tau)} e^{-r_w^2/d_{01}(t-\tau)} d\tau = J(P_{i1} - P_{wf1}) + c_1 \int_0^t \frac{q_w(\tau)}{(t-\tau)} e^{-r_{i1}^2/d_1(t-\tau)} d\tau \\ \int_0^t \frac{q_{o2}(\tau)}{(t-\tau)} e^{-r_w^2/d_{02}(t-\tau)} d\tau = J(P_{i2} - P_{wf2}) + c_2 \int_0^t \frac{q_w(\tau)}{(t-\tau)} e^{-r_{i2}^2/d_2(t-\tau)} d\tau \\ \int_0^t \frac{q_{on}(\tau)}{(t-\tau)} e^{-r_w^2/d_{02}(t-\tau)} d\tau = J(P_{i3} - P_{wfn}) + c_n \int_0^t \frac{q_w(\tau)}{(t-\tau)} e^{-r_{in}^2/d_2(t-\tau)} d\tau \\ c_1 + c_2 + c_3 + \cdots + c_n = 1 \end{cases} \tag{3-15}$$

注采模型示意图见图3-1。

若已知实测的注水量、生产井的井底流压，给定连通系数 c 及辅助系数 d，可根据式（3-15）求出理论的产液量，再将实测产液量与理论产液量进行拟合，回归出连通系数。这就是求解井间连通系数的过程，具体见流程框图3-2。

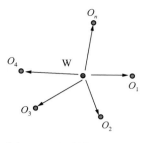

图 3-1　注采模型示意图

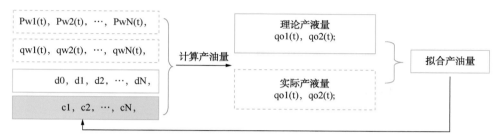

图 3-2　井间连通系数计算方法示意图

3.2　正问题的数值计算

在式（3-15）中，最困难的是积分项的计算，对于任意时刻 T_n，左、右端的积分项可以分别转化为：

$$\int_0^{t1} \frac{q_o(\tau)}{(t-\tau)} e^{-r_w^2/d_0(t-\tau)} d\tau + \int_{t1}^{t2} \frac{q_o(\tau)}{(t-\tau)} e^{-r_w^2/d_0(t-\tau)} d\tau +$$

$$\int_{t2}^{t3} \frac{q_o(\tau)}{(t-\tau)} e^{-r_w^2/d_0(t-\tau)} d\tau + \cdots + \int_{tn-1}^{tn} \frac{q_o(\tau)}{(t-\tau)} e^{-r_w^2/d_0(t-\tau)} d\tau \tag{3-16}$$

$$c_1 \int_0^{t1} \frac{q_{w1}(\tau)}{(t-\tau)} e^{-r_{i1}^2/d_1(t-\tau)} d\tau + c_2 \int_0^{t1} \frac{q_{w2}(\tau)}{(t-\tau)} e^{-r_{i2}^2/d_2(t-\tau)} d\tau +$$

$$c_3 \int_0^{t1} \frac{q_{w3}(\tau)}{(t-\tau)} e^{-r_{i3}^2/d_3(t-\tau)} d\tau + c_4 \int_0^{t1} \frac{q_{w4}(\tau)}{(t-\tau)} e^{-r_{i4}^2/d_4(t-\tau)} d\tau + \cdots + \tag{3-17}$$

$$c_N \int_0^{t1} \frac{q_{wN}(\tau)}{(t-\tau)} e^{-r_{iN}^2/d_N(t-\tau)} d\tau + \int_{t1}^{t2} \{\ \} d\tau + \int_{t2}^{t3} \{\ \} d\tau + \cdots + \int_{tn-1}^{tn} \{\ \} d\tau$$

对于 T_1 时刻，根据积分中值定理，左端项变为：

$$\int_0^{t1} \frac{q_o(\tau)}{(t-\tau)} e^{-r_w^2/d_0(t-\tau)} d\tau = q_o(\xi) \int_0^{t1} \frac{1}{(t-\tau)} e^{-r_w^2/d_0(t-\tau)} d\tau \tag{3-18}$$

右端项直接将 T_1 时刻的 $q_{w1}(\tau)$ 代入计算积分即可，即得到 T_1 时刻的 $q_o(\xi_1)$。

依此类推，计算出 T_1 时刻的 $q_o(\xi_1)$ 后，继而计算出 T_2、T_3、T_4 直到 T_n 时刻的 $q_o(\xi_n)$。

计算中，如果时间点按照等距间隔取，则有：$t_n-t_{n-1}=\cdots=t_2-t_1=t_1=\Delta t$，则积分计算可以不必重复，如计算 $\int_0^{t_1}\dfrac{q_o(\tau)}{(t_1-\tau)}e^{-r_w^2/d_0(t_1-\tau)}d\tau$ 时，作代换 $u=r_w^2/d_0(t_1-\tau)$，则积分变为 $\int_{\frac{r^2}{d_0 t_1}}^{\infty}\dfrac{e^{-u}}{u}d\tau$；计算 $\int_{t1}^{t2}\dfrac{q_o(\tau)}{(t_2-\tau)}e^{-r_w^2/d_0(t_2-\tau)}d\tau$ 时，作代换 $u=r_w^2/d_0(t_2-\tau)$，则积分变为 $\int_{\frac{r^2}{d_0(t_2-t_1)}}^{\infty}\dfrac{e^{-u}}{u}d\tau$，可以用同一个函数子程序计算。两个积分就是相等的，不必重复计算。所以在正问题乃至后面的反问题计算中，为了利用到等间隔时间所特有的特点，可以先对实测数据进行处理，利用插值的办法把数据点变为等时间间距的数据，这样可以加快计算速度。

3.3 反问题的计算

假设模型参数向量和观测数据向量的关系可表示为：

$$D\vec{m}=\vec{d} \tag{3-19}$$

式中，D 为正演算子；$\vec{m}$ 为模型参数向量；$\vec{d}$ 为真实模型的响应(观测数据向量)。

在一般情况下，D 为非线性的，应首先将其线性化。在一个初始模型 $\vec{m}_0$ 附近，将式(3-19)用泰勒级数展开：

$$\vec{d}=D\vec{m}_0+A\Delta\vec{m} \tag{3-20}$$

令 $\vec{d}_0=D\vec{m}_0$，有：

$$\Delta\vec{d}=A\Delta\vec{m} \tag{3-21}$$

上式即为用来进行反演的基本方程式，其中 A 为雅可比矩阵，且：

$$A=\frac{\partial D}{\partial\vec{m}} \tag{3-22}$$

即：

$$A_{ij}=\frac{\partial d_{ij}}{\partial m_i} \tag{3-23}$$

在模型的条件下，式(3-21)是超定的，不能直接求解。通常采用最小方差法来求解。

设目标函数为：

$$E=(d_{obs}-d)^T(d_{obs}-d) \tag{3-24}$$

将式(3-21)代入上式，并令 E 对模型参数修正量的导数为零，可得

$$A^T A\Delta\vec{m}=A^T\Delta d_{obs} \tag{3-25}$$

在这个问题中，对式(3-25)来说：

矩阵 A^T、Δd_{obs}、$\Delta\vec{m}$ 分别为：

$$\begin{bmatrix} q_{o'}|_{c1}(t_1) & q_{o'}|_{c1}(t_2) & q_{o'}|_{c1}(t_3) & \cdots\cdots & q_{o'}|_{c1}(t_9) & q_{o'}|_{c1}(t_{10}) \\ q_{o'}|_{d1}(t_1) & q_{o'}|_{d1}(t_2) & q_{o'}|_{d1}(t_3) & \cdots\cdots & q_{o'}|_{d1}(t_9) & q_{o'}|_{d1}(t_{10}) \\ q_{o'}|_{c2}(t_1) & q_{o'}|_{c2}(t_2) & q_{o'}|_{c2}(t_3) & \cdots\cdots & q_{o'}|_{c2}(t_9) & q_{o'}|_{c2}(t_{10}) \\ q_{o'}|_{d2}(t_1) & q_{o'}|_{d2}(t_2) & q_{o'}|_{d2}(t_3) & \cdots\cdots & q_{o'}|_{d2}(t_9) & q_{o'}|_{d2}(t_{10}) \end{bmatrix},$$

$$\begin{bmatrix} q_o(t_1)-q_o(t_1)_{obs} \\ q_o(t_2)-q_o(t_2)_{obs} \\ q_o(t_3)-q_o(t_3)_{obs} \\ \vdots \\ \vdots \\ q_o(t_9)-q_o(t_9)_{obs} \\ q_o(t_{10})-q_o(t_{10})_{obs} \end{bmatrix}, \begin{bmatrix} \Delta c_1 \\ \Delta c_2 \\ \Delta d_1 \\ \Delta d_2 \end{bmatrix}$$

上述式(3-24)、式(3-25)中的 Δd_{obs} 为观测数据与初始模型的正演计算值之差，为已知，故由式(3-25)可求得模型参数的修正量 $\Delta \vec{m}$，从而有：

$$\vec{m} = \vec{m}_0 + \Delta \vec{m} \tag{3-26}$$

将修正后的模型重复上述做法，直到满足一个给定的收敛条件为止。

3.4　方法的验证

3.4.1　一注两采均质模型

一注两采均质模型示意图及产液量拟合图如图3-3、图3-4所示。

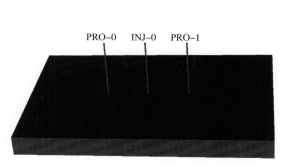

图3-3　一注两采均质模型示意图

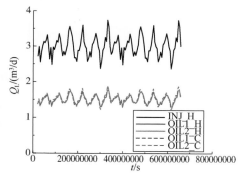

图3-4　一注两采均质模型
产液量拟合图

3.4.2　一注两采不等渗模型

一注两采不等渗模型示意图及产液量拟合图如图 3-5、图 3-6 所示。

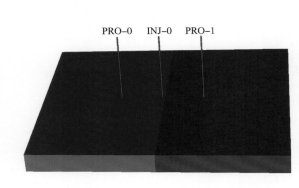

图 3-5　一注两采不等渗模型示意图

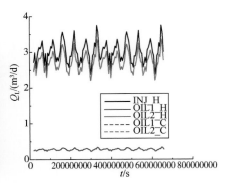

图 3-6　一注两采不等渗模型
产液量拟合图

3.4.3　一注两采不等距模型

一注两采不等距模型及产液量拟合图如图 3-7、图 3-8 所示。

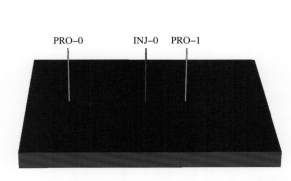

图 3-7　一注两采不等距模型示意图

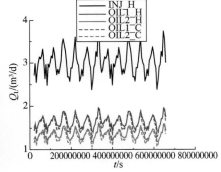

图 3-8　一注两采不等距模型
产液量拟合图

3.4.4　一注两采断层模型

一注两采断层模型示意图及产液量拟合图如图 3-9、图 3-10 所示。
各模型注采井间连通系数计算值如表 3-1 所示。

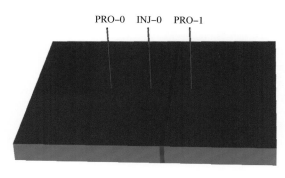

图 3-9　一注两采断层模型示意图

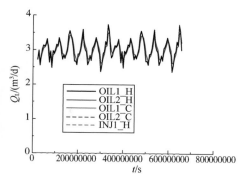

图 3-10　一注两采断层模型
产液量拟合图

表 3-1　各模型注采井间连通系数计算值

模型类型	生产井 1 与注入井连通系数	生产井 2 与注入井连通系数
均质模型	0.5	0.5
不等渗模型	0.9079	0.0920
不等距模型	0.4765	0.5234
断层模型	1	0

4 基于注采控制单元的井间连通性定量研究方法

油藏数值模拟是目前进行油藏动态指标预测的最有效的方法，其在理论模型、求解方法和计算机软件等已经达到了近似完美的程度。在理论模型方面，以多重介质组分模型为基础，可以将人们能够想象到的任何一项油层中的条件加入模型中而得到更完美的模型，同时可根据某种油藏的特殊性，减掉所有在这种油藏中不曾出现的因素，而得到特殊用途的简化模型。在解法方面，全隐式解法和牛顿迭代法被认为是最稳定和最可靠的方法。用这种方法组合，可以消除任何解的不稳定、不收敛问题。

但是，油藏数值模拟存在两个难题：①解方程组必须经过多次迭代直接求解或解大型线性方程组；②要进行反复的历史拟合，须耗费大量的人工和机时。在油田应用中，需要不断地更换容量更大、计算速度更快的计算机，而且要有专门的技术人员操作数值模拟软件，即使这样，也难以做到对油田所有开发区块完成数值模拟计算。近年来，为了降低计算代价，国内外学者开始对简化油藏模拟算法进行了大量研究，如斯坦福大学提出的降阶模型（Reduced-order model），大规模网络模型（Large-scale network model）等。将其作为传统数值模拟技术的补充，以快速进行动态的预测并为数模提供更好的初始模型估计。

为了快速进行油藏动态预测，明确注采结构关系，指导后期注采方案的优化调控，本研究在井间连通性分析思想的基础上建立了一种新的油藏动态快速计算方法（见图 4-1）。该方法介于传统油藏工程及数值模拟技术之间，其基本思想是：首先将油藏看成是由一系列井与井之间的控制单元构成，控制单元内可认为是相对均质流管，而控制单元之间则是不同的流管。根据 Gherabati（2012）研究，每个控制单元都由两个特征参数表征：传导率和控制体积。前者表征了控制单元的流动能力，后者反映了该单元的物质基础。然后以控制单元为研究对象，建立物质守恒方程，通过求解方程并结合前缘推进理论，对各控制单元进行饱

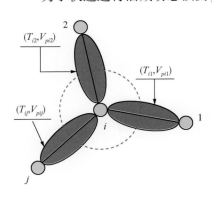

图 4-1 油藏简化模型（每个井与井之间的连接代表一个控制单元）

和度追踪，进而计算各井的油水动态指标。最后基于反问题理论，利用最优化算法，通过对实际动态指标进行历史拟合，反求各控制单元的特征参数，实现对油藏注采关系和剩余油分布的定量预测。该方法充分把握了注采系统渗流规律和油水流动的本质特征，数值计算转化成了一系列的一维问题进行求解，求解过程避免了数值模拟中多次迭代和解巨大线性方程组的运算，可大大提高预测剩余油分布及动态指标的时间。

4.1 控制单元压力计算

设油藏含有 n 口井，对于第 i 口井，根据达西定律和物质平衡方程，有：

$$\sum_{j=1}^{n} \frac{\alpha k_{ij} A_{ij} (p_j - p_i)}{\mu L_{ij}} + q_i = C_t V_{pi} \frac{\mathrm{d}p_i}{\mathrm{d}t} \tag{4-1}$$

式中，μ_i 为液相黏度，对于油水两相问题这里近似取两者黏度的均值，$\mathrm{mPa \cdot s}$；k_{ij} 为第 i 口井和第 j 口井间的平均渗透率，$10^{-3} \mu m^2$；A_{ij} 为第 i 口井和第 j 口井间的平均渗流截面积，m^2；L_{ij} 为第 i 口井和第 j 口井间的距离，m；p_i 和 p_j 分别为第 i 口井和第 j 口井泄油区内的平均压力，MPa；q_i 为第 i 口井的流量速度，产出为负，注入为正，m^3/d；V_{pi} 为第 i 口井的控制体积，m^3；C_t 为综合压缩系数，MPa^{-1}；t 为生产时间，d；α 为单位换算系数，取 0.0864。

令 $T_{ij} = \dfrac{\alpha k_{ij} A_{ij}}{\mu L_{ij}}$，其为 i、j 井点间的平均传导率，$m^3/d \cdot MPa$。对上式整理可得：

$$\sum_{j=1}^{n} \frac{T_{ij}}{\mu_i} p_j - p_i \sum_{j=1}^{n} \frac{T_{ij}}{\mu_i} + q_i = C_t V_{pi} \frac{\mathrm{d}p_i}{\mathrm{d}t} \tag{4-2}$$

经隐式差分知：

$$p_i^{t+1} - p_i^t = \frac{\Delta t}{C_t V_{pi}} \sum_{j=1}^{n} T_{ij} p_j^{t+1} - p_i^{t+1} \frac{\Delta t \sum_{j=1}^{n} T_{ij}}{C_t V_{pi}} + \frac{\Delta t q_i}{C_t V_{pi}} \tag{4-3}$$

令：

$$E_i = \frac{\Delta t}{C_t V_{pi}}$$

$$T_i = - \frac{\Delta t \sum_{j=1}^{n} T_{ij}}{C_t V_{pi}}$$

$$M_i = \frac{\Delta t q_i}{C_t V_{pi}}$$

经过整理可得：

$$p_i^{t+1} - p_i^t = E_i \sum_{j=1}^{n} T_{ij} p_j^{t+1} - p_i^{t+1} T_i + M_i \tag{4-4}$$

t 时刻与 $t+1$ 时刻压力关系矩阵形式可表示为：

$$
\begin{pmatrix} p_1^t \\ p_2^t \\ \vdots \\ p_n^t \end{pmatrix} = \begin{pmatrix} T_1+1 & -E_1 T_{12} & \cdots & -E_1 T_{1n} \\ -E_2 T_{21} & T_2+1 & \cdots & -E_2 T_{2n} \\ \cdots & \cdots & \cdots & \cdots \\ -E_n T_{n1} & -E_n T_{n2} & & T_n+1 \end{pmatrix} \begin{pmatrix} p_1^{t+1} \\ p_2^{t+1} \\ \vdots \\ p_n^{t+1} \end{pmatrix} - \begin{pmatrix} M_1 \\ M_2 \\ \vdots \\ M_n \end{pmatrix}
\tag{4-5}
$$

如果考虑边底水影响，则增加一个虚拟节点，不妨设该节点为 i，可认为该节点为定压边界，等于初始油藏压力，即 $p_i^{t+1}=p_i^t=p_0$。

此时的压力矩阵变为

$$
\begin{pmatrix} p_1^t \\ p_2^t \\ \\ p_i^t \\ \\ p_n^t \end{pmatrix} = \begin{pmatrix} T_1+1 & -E_1 T_{12} & \cdots & -E_1 T_{1n} \\ -E_2 T_{21} & T_2+1 & & -E_2 T_{2n} \\ \\ 0 & 0 & -1 & 0 \\ \\ -E_n T_{n1} & -E_n T_{n2} & & T_n+1 \end{pmatrix} \begin{pmatrix} p_1^{t+1} \\ p_2^{t+1} \\ \\ p_i^{t+1} \\ \\ p_n^{t+1} \end{pmatrix} - \begin{pmatrix} M_1 \\ M_2 \\ \\ 0 \\ \\ M_n \end{pmatrix}
\tag{4-6}
$$

写成矩阵形式可表示为：

$$
P^t = TP^{t+1} - M
\tag{4-7}
$$

所以，$t+1$ 时刻压力为：

$$
P^{t+1} = T^{-1}(P^t + M)
\tag{4-8}
$$

4.2　饱和度追踪及含水率计算

由于将油藏简化成一个个注采控制单元，而每一个注采单元均可看成是一个均质流管，这样就将原油藏问题转化成一系列的一维问题进行求解。由于是稳定渗流，可由前缘推进理论进行饱和度和含水率的求解（见图 4-2、图 4-3）。

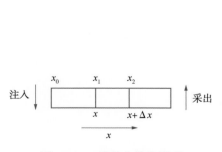

图 4-2　一维单向渗流模型

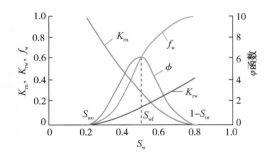

图 4-3　含水率及其导数变化曲线

根据贝克莱理论，对于图 4-2 所示的一维流动，在开始注入的 t 时刻，若累积注入量为 $Wi(t)$，其满足：

$$x - x_0 = \frac{Wi(t)}{\phi A} \frac{\mathrm{d} f_w}{\mathrm{d} s_w} \tag{4-9}$$

令含水率导数为 $\varphi(s_w)$，则在 x_1 和 x_2 处饱和度 s_{w1} 和 s_{w2} 与累积注入量的关系满足：

$$x_1 - x_0 = \frac{Wi(t)}{\phi A} \phi(s_{w1}) \tag{4-10}$$

$$x_2 - x_0 = \frac{Wi(t)}{\phi A} \phi(s_{w2}) \tag{4-11}$$

两式相减可得：

$$x_2 - x_1 = \frac{Wi(t)}{\phi A} \left[\phi(s_{w2}) - \phi(s_{w1}) \right] \tag{4-12}$$

令 C_V 为：

$$C_V = \frac{Wi(t)}{\phi A (x_2 - x_1)} \tag{4-13}$$

显然 C_V 为流过 $(x_2 - x_1)$ 单元的累积孔隙体积倍数，经过整理可得：

$$\phi(s_{w2}) = \phi(s_{w1}) + \frac{1}{C_V} \tag{4-14}$$

上式表明：油层中某个单元的含水率导数是其上游的含水率导数加上流过本单元累积注入孔隙体积倍数的倒数。在实际油层中，只有油水前缘推进到的位置，含水饱和度才会不断上升；否则，无论流过去的流体量有多少，对应的含水饱和度总是束缚水饱和度，而此时计算出含水率导数值也将大于前缘含水饱和度对应的值。据此可以得到利用含水率导数计算的含水饱和度的更严格关系式：

$$s_w = \begin{cases} \phi^{-1}(s_w), & \phi(s_w) \leq \phi(s_{wf}) \\ s_{wc}, & \phi(s_w) > \phi(s_{wf}) \end{cases} \tag{4-15}$$

在水井井点出，其对应的含水饱和度 s_w 应为最大含水饱和度 $s_{w\max}$；而远离井点时，含水率导数 $\phi(s_w)$ 会不断增大，此时对应含水饱和度逐渐减小，一直到油水前缘时；再向远离井点计算时，则 $\phi(s_w) > \phi(s_{wf})$，从而使 $s_w = s_{wc}$。在油井井点处，无论流过该处的累积孔隙体积倍数有多大，只要是其上游的含水率导数值大于前缘含水饱和度对应的含水率导数，则该井点处的含水率导数一定大于前缘含水饱和度对应的含水率导数值，因此该油井点不会见水。油井见水后，如果渗流方向不发生较大变化，其上游的含水率导数值不断减小，而流过该点处的累积孔隙体积倍数的倒数也是不断减小的，由式（4-36）可知该点处的含水率导数值也会不断减小，则 s_w 不断增大，含水率也不断增大，确保解的稳定性和收敛性。在油井转注、关井、加密新井等情况下，油层内压力场将有实质性的变化，压力变化前的上游区域可能变成了下游区域，或下游区域变成了上游区域。此时 $\phi(s_{w1})$ 应为压力变化后该时刻的上游值，C_V 为压力变化后累积孔隙体积倍数，这样计算出来的 s_w 和调整到此处的

s_w 做比较，取较大的值作为该处的 s_w 值，此时对应的含水率导数取调整前后较小的值。

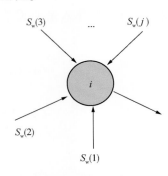

图 4-4　井点处流入流出动态示意图

根据以上分析可知，油层某单元的饱和度可根据其上游单元的饱和度进行计算，由此也可以认为某井点的饱和度可以由其上游井点的饱和度求得。根据这一思路，就可以逐个对井节点进行追踪，完成饱和度场的计算，进而计算产油、产水、含水率等动态指标，其具体过程如图 4-4 所示。

对于井节点 i，设其与 N_e 个井节点相连，其中有 N_f 个节点是其上游节点，对于与其相连的上游节点 j，设其流入端的含水饱和度为 $s_{w1}(i, j)$，其对应流出段的含水饱和度为 $s_w(i, j)$。根据前述研究思路，出口端饱和度对应的含水率导数值应取计算前后较小的值，则有：

$$\phi(s_w(i, j)) = \min\left\{\phi(s_w(j)) + \frac{1}{C_v(i, j)},\ \phi(s_w(i))\right\} \qquad (4\text{-}16)$$

$$C_v(i, j) = \frac{\int_0^t Q(i, j)\,\mathrm{d}t}{V_{pij}} \qquad (4\text{-}17)$$

$$Q(i, j) = T_{ij}(p_j - p_i) \qquad (4\text{-}18)$$

式中，$Q(i, j)$ 为控制单元 (i, j) 间的流量。计算出 $\phi(s_w(i, j))$ 之后，即可求出相应的饱和度值，根据饱和度值可求得相应的含水率 $f_w(i, j)$，根据求得的各个上游方向的含水率值，即可求得综合含水率 $f_w(i)$：

$$f_w(i) = \frac{\sum_{j=1}^{NJ} Q(i, j) f_w(i, j)}{\sum_{j=1}^{NJ} Q(i, j)} \qquad (4\text{-}19)$$

根据综合含水率 $f_w(i)$ 即可计算其他动态指标，如产水、产油、累产油和累产水等。反求出该节点的含水饱和度 $s_w(i)$ 及 $\phi(s_w(i))$，以便用于求取其他节点的动态指标。

最终也可计算得到劈分到井节点处的剩余油饱和度及剩余储量，以便进行剩余油定量分析：

$$\overline{S}_{wj} = \frac{\sum_{i=1}^{NI} VP_{ij}\overline{S}_w(i, j)}{\sum_{i=1}^{NI} VP_{ij}} \qquad (4\text{-}20)$$

$$Np_j = (1 - \overline{S}_{wj}) \sum_{i=1}^{NI} VP_{ij} \qquad (4\text{-}21)$$

深层碳酸盐岩缝洞型油藏井间连通定量预测技术

上述方法进行油藏动态指标的计算，具有两大优势：①压力方程的个数与油藏井数相同，不像数值模拟中压力方程的计算与划分网格数有关，因此该方法可以快速地计算节点压力，进而获得各控制单元内的流量分布；②整个饱和度追踪过程中都是通过半解析方法来计算的，且仅利用某井点的上游井点来进行求解，整个过程快速、稳定，可以采用大步长进行计算。

4.3 动态指标拟合计算

本研究所提出的油藏动态计算方法，其预测结果主要取决于各注采控制单元的特征参数 T_{ij} 和 V_{pij}。因此，为了使预测结果与实际动态相吻合，就需要对两个特征参数进行优化和反演，这一过程就相当于传统的历史拟合过程。这里借助反问题求解理论，将动态指标拟合计算转化成典型的最优化问题，并利用最优化算法自动进行注采控制单元特征参数的反演。

根据贝叶斯理论，建立如下优化目标函数：

$$O(m) = \frac{1}{2}(m-m_{pr})^T C_M^{-1}(m-m_{pr}) + \frac{1}{2}(d_{obs}-g(m))^T C_D^{-1}(d_{obs}-g(m)) \quad (4-22)$$

式中，m 为要求解的模型参数向量，其包含所有控制单元的特征参数，$m = [T_{12}, T_{13}, \cdots, V_{p12}, V_{p13}, \cdots]^T$；$m_{pr}$ 为初始先验模型参数估计，其可根据初始地质参数如油层厚度等进行初始估计；C_M 是模型参数的协方差矩阵；d_{obs} 为真实动态组成观测向量，如单井含水率、产油量等；$g(m)$ 为利用注采控制单元法计算的观测向量；C_D 为实际观测值的协方差矩阵。

求解该问题的解也称为 MAP（Maximum a Posteriori）估计，根据最优化原理，最小化该问题的关键就是计算目标含水对模型变量的梯度，其计算公式如下：

$$\nabla O(m) = C_M^{-1}(m-m_{pr}) + G^T C_D^{-1}(Gm-d_{obs}) \quad (4-23)$$

式中，G 为预测动态 $g(m)$ 对模型 m 的敏感系数矩阵或雅克比矩阵，其表达式如下：

$$G = \begin{pmatrix} \dfrac{\partial g_1}{\partial m_1} & \dfrac{\partial g_1}{\partial m_2} & \cdots & \dfrac{\partial g_1}{\partial m_{N_m}} \\[2mm] \dfrac{\partial g_2}{\partial m_1} & \dfrac{\partial g_2}{\partial m_2} & \cdots & \dfrac{\partial g_m}{\partial m_{N_m}} \\[6mm] & & & \\[2mm] \dfrac{\partial g_{N_D}}{\partial m_1} & \dfrac{\partial g_{N_D}}{\partial m_2} & & \dfrac{\partial g_{N_D}}{\partial m_{N_m}} \end{pmatrix} \quad (4-24)$$

在获得梯度之后，就可以利用最速下降法进行迭代求解，其计算公式如下：

$$m^{l+1} = m^l + \alpha \frac{\nabla O(m)}{|\nabla O(m)|_\infty} \quad (4-25)$$

在整个优化过程中，为了拟合地质储量，可能需要求解的控制体积之和等于已认识的油藏孔隙体积。此时求解需要满足等式约束条件，其可采用投影梯度法进行计算，其表达式如下：

$$m^{l+1}=m^l+\alpha P\,\frac{\nabla O(m)}{|\nabla O(m)|_\infty} \tag{4-26}$$

$$P=I-N\,(N^{\mathrm{T}}N)^{-1}N^{\mathrm{T}} \tag{4-27}$$

式中，P 为投影梯度矩阵；N 为等式约束矩阵。

4.4　方法有效性检验

选取高渗带概念模型（见图 4-5），模型共包括 4 口井，其中 W1 和 W2 间存在高渗条带，W3 周围渗透性最差。为了更好地检验本文方法的准确性，对该模型设计了以下工作方式：早期 4 口井进行弹性开采，时间为 60d；之后 W1 转成注水井，W4 先关井，W2 和 W3 正常生产；之后在 1200d 时，W4 开井生产，由于高渗带影响其含水上升较快，在 300d 后转成注水井。

可见该模型包含了各种关停井及转注等情况。利用优化方法对实例进行了动态拟合，其含水率拟合结果如图 4-6、图 4-7 所示，图中红点为实际值（Eclipse 计算值），黑线为初始模型计算值，蓝线为优化后模型计算值。

最终反演所得传导率和控制体积（无因次），如表 4-1、表 4-2 所示：

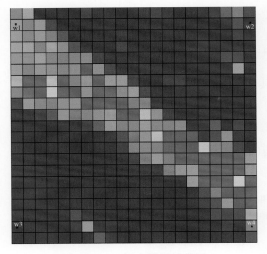

图 4-5　概念模型示意图

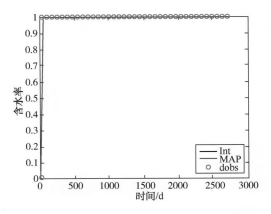

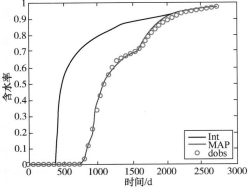

图 4-6　四口井的含水率拟合效果（其中注水时含水率设为 1）

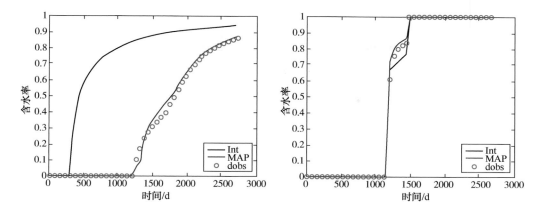

图 4-6　四口井的含水率拟合效果(其中注水时含水率设为 1)(续)

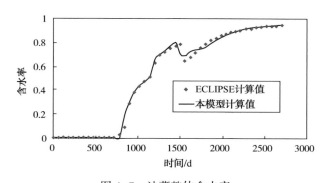

图 4-7　油藏整体含水率

表 4-1　传导率反演结果

井　名	W1	W2	W3	W4
传导率	0.00	132.82	63.98	258.27

表 4-2　无因次控制体积计算结果

井　名	W1	W2	W3	W4
W1	0.0000	0.3553	0.2916	0.1855
W2	0.3553	0.0000	0.0002	0.0580
W3	0.2916	0.0002	0.0000	0.1095
W4	0.1855	0.0580	0.1095	0.0000

从反演结果可以看出，W1 和 W4 间因高渗带存在，其传导率最大，但控制体积最小，而 W1 和 W3 间传导率最差。这些都与实际地质情况相吻合，验证了方法的准确性，而且根据传导率结果，可以知道任意时刻各井之间的连通状况，如流量劈分状况、单井控制储量和剩余地质储量。

5 基于补偿电容模型的井间连通程度评价

传统井间连通程度评价多采用注采电容模型，但缝洞型油藏中后期高含水导致工作制度调整频繁，计算结果易受生产措施调整影响。本章通过加入关停井等工作措施变化因素并建立补偿电容模型反演油藏注采井间连通程度。

5.1 注入信号时滞性和衰减性规律分析

缝洞型油藏储层类型多样，具有较强的非均质性。受注采井距、原油黏度等各种因素影响，注入信号存在损耗。该损耗表现在信号通过油藏介质传播，会有一定的衰减和延时，具体如图5-1所示。图中虚线表示注水井开始注水的时间，注水方式为脉冲注水。与注水井对应的生产井的产液量曲线上，并没有立即表现出等效的瞬时波动变化特征，而是滞后一段时间才有相应的响应特征。

油藏中注入信号的时滞性与衰减性和物性参数(如导压系数、采液指数等)相关，具体分析如下。

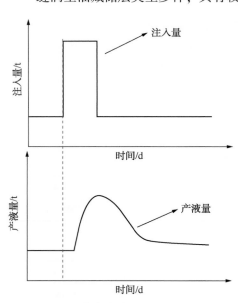

图5-1　缝洞型油藏注入信号的
时滞性与衰减性

5.1.1 导压系数 c

生产井产液量是地层能量的外在表现，其变化间接反映了地层压力的变化。根据渗流力学基本理论，导压系数 c 的物理意义为单位时间内压力波传播的地层面积，表征地层压力波传导的速率。因此注水井注入信号扩散传播特征可用导压系数表示，如式(5-1)式(5-2)所示：

$$c = \frac{K}{\mu C_t} \tag{5-1}$$

$$C_t = C_f + \phi C_l \tag{5-2}$$

式中，K 为储层渗透率；μ 为地层原油黏度；C_t 为综合压缩系数；C_f 为岩石压缩系数；C_1 为液体的弹性压缩系数；ϕ 为孔隙度。

5.1.2 采液指数 J

采液指数 J 定义为油井单位压差下的日产液量，反映的是生产井的产液能力，公式如下：

$$J = \frac{q}{\Delta p} \tag{5-3}$$

式中：q 为生产井的产液量；Δp 为地层压力变化。

5.1.3 时间常数

引入时间常数 τ 表征油藏注采井间的时滞性和衰减性，如式(5-4)所示。

$$\tau = \frac{C_t V_p}{J} \tag{5-4}$$

式中，V_p 为控制孔隙体积。

注入信号的时滞性、衰减性与上述参数有着密切的关系，如表5-1所示。

表 5-1　影响注入信号时滞性和衰减性规律的参数说明

参　数	参数对注入信号时滞性和衰减性的影响说明
渗透率	渗透率与导压系数、产液量变化幅度成正比，与时间常数成反比。渗透率越小，采液指数越小，时间常数越大，注入信号响应的时间越滞后
孔隙度	表征岩石储存能力的大小；孔隙度与导压系数成反比，孔隙度越小，导压系数越大，压力波在地层传递面积越大，信号衰减越小
岩石压缩系数	岩石压缩系数与注入信号的衰减性和时滞性成正比，压缩系数变大，衰减性和时滞性越明显
地层原油黏度	地层原油黏度越大，采液指数越小，时间常数越大，注入信号的时滞性越强
有效厚度	指地层中含油气层厚度；其变化对注入信号的时滞性与衰减性的影响较小，几乎可以忽略
井距	井距越大，注入信号的衰减越显著，时间常数越大

综上所述，由于受各种因素影响，注入信号的传播存在时滞与衰减。注水期间生产井的产液量变化特征间接反映了油藏的地质特征，表征注采井间的连通程度。

5.2 传统电容模型

5.2.1 基本原理

由于地下流体通过多重介质流动与电荷通过导体材料的过程具有一定的相似性，可采用基于水电相似性和物质守恒原理的电容模型表征注采井间的连通关系。模型将注水井、生产井和井间连通通道视为一个整体，将注水井的注水量作为激励信号，将生产井的产液量作为响应信号；注采井间的连通特征通过注水变化引起的生产井产液变化幅度来描述，即变化幅度越强，井间连通程度越好。

1）一阶电路

由外加激励和非零初始状态的储能元件的初始储能共同引起的响应，称为全响应。一阶电路的全响应见式(5-5)

$$RC\frac{\mathrm{d}u_c}{\mathrm{d}t}=U_s-u_c \tag{5-5}$$

一阶电路图如图 5-2 所示。在图 5-2 中，U_s 为电路系统的电源即系统激励，R 为电阻，C 为电容，电路中的电流和电容两端的电压视为系统响应。

2）井间注采系统

井间注采系统可等效为一阶电路系统，如图 5-3 所示。

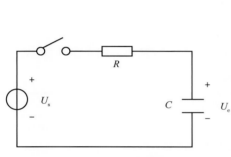

图 5-2　一阶电路图

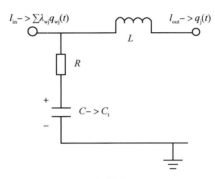

图 5-3　油藏注采系统等效图

在图 5-3 中，$\sum\lambda_{wj}q_{wj}(t)$ 代表系统输入，即注水井的注入量相当于一阶电路系统的激励信号 I_{in}；$q_j(t)$ 代表系统输出，即生产井的产液量相当于一阶电路系统的输出电流 I_{out}；C_t 表示系统存储的能量，相当于一阶电路系统的电容 C；生产中注入信号传播的损耗相当于电感 L 对输出电流的影响。

研究从简单的一注一采电容模型出发，拓展到更符合实际生产情况的一注多采电容模型。

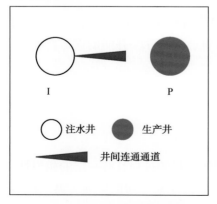

图 5-4　油藏一注一采模型示意图

5.2.2　一注一采电容模型

1）平衡电容模型

油藏流动单元中只包含一口注水井和一口生产井，如图 5-4 所示。

根据油藏综合压缩系数定义，基于物质守恒原理得到驱油控制体积中流体的物质平衡方程：

$$C_t V_p\frac{\mathrm{d}\overline{p}}{\mathrm{d}t}=i(t)-q(t) \tag{5-6}$$

式中，C_t为综合压缩系数；V_p为单元内控制孔隙体积；$\bar{p}$为控制体积中的平均压力；$i(t)$为注水井在t时刻的注水量；$q(t)$为生产井在t时刻的产液量。假定条件定义如下：油藏综合压缩系数很小且恒定不变，同时流动单元V_p中没有流体流入或流出。

2）考虑井底流压的电容模型

实际生产中由于受到底水沟通等因素影响，生产井的井底压力往往存在一定的变化。如果考虑井底压力波动，则生产井的产液量q与生产压差存在如下对应关系：

$$q = J(\bar{p} - p_{wf}) \tag{5-7}$$

式中，J为采液指数；p_{wf}为井底流压。

式(5-7)只适用于稳定流的情况，如果生产井的采液指数发生变化，则不能准确地描述生产井动态。综合式(5-5)和式(5-7)消去$\bar{p}$，得到平衡方程(5-8)：

$$\tau \frac{dq}{dt} + q(t) = i(t) - \tau J \frac{dp_{wf}}{dt} \tag{5-8}$$

式中，τ为时间常数。对式(5-8)进一步推导，得到式(5-9)：

$$q(t) = q(t_0)\, e^{-\frac{t-t_0}{\tau}} + \frac{t^{\frac{t}{\tau}}}{\tau} \int_{\xi=t_0}^{t} e^{\frac{\xi}{\tau}} i(\xi)\, d\xi +$$

$$J \left[p_{wf}(t_0)\, e^{-\frac{t-t_0}{\tau}} - p_{wf}(t) + \frac{e^{-\frac{t}{\tau}}}{\tau} \int_{\xi=t_0}^{\xi=t} e^{\frac{\xi}{\tau}} p_{wf}(\xi)\, d\xi \right] \tag{5-9}$$

式(5-9)表示生产井的产液量由三部分组成：第一部分是初始产液量；第二部分为注水井的注入量；第三部分则是由生产井的井底流压引起的产液量变化。

5.2.3 一注多采的电容模型

实际油藏缝洞单元往往存在一口注水井与多口生产井连通的情况，进一步将一注一采的电容模型扩展到一注多采的电容模型，如图5-5所示。

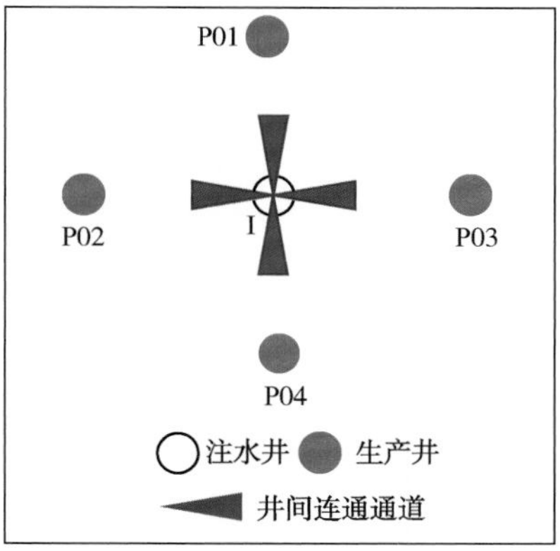

1）平衡电容模型

假设单元中存在唯一的注水井，其他生产井的产液量只受该注水井注入量的影响，基于叠加原理生产井j和注水井i间的物质平衡方程为：

$$\sum_{j=1}^{N} C_{tij}\, V_{pij}\, \frac{d\bar{P}_{ij}}{dt} = \sum_{j=1}^{N} \lambda_{ij}\, q_{ij}(t) - i_i(t) \tag{5-10}$$

图5-5 缝洞型油藏一注多采
模型示意图

式中，C_{tij}、V_{pij}、$\bar{P}_{ij}$分别为流动单元体积内的综合压缩系数、控制孔隙体积和平均压力；N为生产井的数目；$i_i(t)$为注水井在时刻t的注水量；$q_{ij}(t)$为生产井j在时刻t的产液量；λ_{ij}表示注水井i与生产井j间的连通系数。

2）考虑井底流压的电容模型

考虑到生产井的井底压力变化，应用采油指数J_{ij}消去平均压力$\overline{P_{ij}}$得到多口生产井的平衡方程：

$$\sum_{j=1}^{N} \tau_{ij} \frac{\mathrm{d}\, q_{ij}}{\mathrm{d}t} + i_i(t) = \sum_{j=1}^{N} \lambda_{ij}\, q_{ij}(t) - \frac{\mathrm{d}\, p_{wfj}}{\mathrm{d}t} \sum_{j=1}^{N} \tau_{ij} J_{ij} \tag{5-11}$$

式中，$\tau_{ij} = \dfrac{C_{tij} V_{pij}}{J_{ij}}$，$\tau_{ij}$和$\lambda_{ij}$分别为注采井对$(i, j)$之间的时间常数和连通系数。时间常数不一样，对应注采井间信号传播的衰减程度也不同。

对式(5-11)中的电容模型进一步推导，得到式(5-12)：

$$i_i(t) = \lambda_{\mathrm{p}}\, i_i(t_0)\, \mathrm{e}^{\frac{t_0-t}{\tau_{\mathrm{p}}}} + \sum_{j=1}^{N} \lambda_{ij} \left[\mathrm{e}^{\frac{-t}{\tau_{ij}}} \int_{\xi=t_0}^{\xi=t} \mathrm{e}^{\frac{\xi}{\tau_{ij}}} q_{ij}(\xi)\, \mathrm{d}\xi \right] +$$
$$v_j \left[P_{\mathrm{wf}j}(t_0)\, \mathrm{e}^{-\frac{t-t_0}{\tau_j}} - P_{\mathrm{wf}j}(t) + \frac{\mathrm{e}^{-\frac{t}{\tau_j}}}{\tau_j} \int_{\xi=t_0}^{\xi=t} \mathrm{e}^{\frac{\xi}{\tau_j}} P_{\mathrm{wf}j}(\xi)\, \mathrm{d}\xi \right] \tag{5-12}$$

式(5-12)表明注水量的组成包含三部分：第一部分为注水井注水的影响，其中$i_i(t_0)$为注水井i的初始时刻t_0的注水量，τ_{p}为初始时刻注水量总的时间常数；第二部分为多口生产井的产液量，τ_{ij}和λ_{ij}分别为每个注采井对(i, j)的时间常数和连通系数；第三部分为生产井的井底流压引起的产液量，其中$v_j = \sum_{j=1}^{N} J_{ij}$，表示改变生产井$j$井底流压而引起产液量变化的权重值。

油藏生产动态并非连续变化，通过对生产动态数据离散化处理，简化电容模型参数的求解。在缝洞型油藏实际生产中，流压数据不易获取、数据不全，只考虑平衡电容模型的离散化。

对一注多采电容模型进行离散化处理，当生产井井底流压恒定时，得到离散化一注多采的电容模型如下：

$$\hat{i}_i(n) = \lambda_{\mathrm{p}} i(n_0)\, \mathrm{e}^{\frac{n_0-n}{\tau_{\mathrm{p}}}} + \sum_{j=1}^{N} \lambda_{ij}\, q'_{ij}(n) \tag{5-13}$$

其中：

$$q'_{ij}(n) = \sum_{m=n_0}^{m=n} \frac{\Delta n}{\tau_{ij}} \mathrm{e}^{\frac{m-n}{\tau_{ij}}} q_{ij}(m) \tag{5-14}$$

式中，n为采样时间点；Δn为采样时间的间隔；n_0为注水井的初始注水时间；λ和τ用于估算出注水井i的注水量$\hat{i}_i$；λ_{ij}为注水井i和生产井j间的连通系数，表征注采井对i、j之间的连通性；τ_{ij}为注采井间时间常数；q_{ij}为注水井组i中生产井j的产液量。

5.3 补偿电容模型

缝洞型油藏储层类型多样，大缝大洞的存在使得见水特征多样，进入开发中后期往往出现严重的水窜现象，关停井工作制度频繁，影响油田的正常生产。针对上述问题，在传统电容模型的基础上建立补偿电容模型，解决关停井情况下的注采井间连通程度计算，降低连通性判断的不确定性。

当实际生产中出现关停井或新开井情况时，注采井的数目发生变化，对应注采关系也随之改变。引入"虚拟井"技术，将关闭的生产井视为一口虚拟的新注水井，附近所有生产井均会受该虚拟注水井的影响。具体如图 5-6 所示。

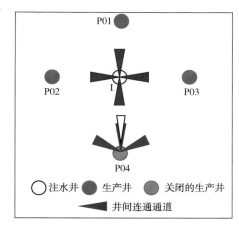

图 5-6 缝洞型油藏一注多采的补偿电容模型示意图

引入"虚拟井"后新的井组关系如式(5-15)所示：

$$i_i^{(x)}(t_n) = i_i(t_0)\, \mathrm{e}^{\frac{-(t_n-t_0)}{\tau_{pi}}} + \sum_{j=1}^{N} \lambda_{ij}^{(x)}\, w_{ij}^{(x)}(t_n) \tag{5-15}$$

其中：

$$\lambda_{ij}^{(x)} = \lambda_{ij} + \beta_{xj}\lambda_{ix} \tag{5-16}$$

式中，x 代表图 5-6 中关闭的生产井 P04；$i_i^{(x)}(t_n)$ 为生产井 x 关闭时注水井 i 注入量的估计值；$w_{ij}^{(x)}$ 为井组 i 中生产井 j 的产液量；新的参数 $\lambda_{ij}^{(x)}$ 和 β_{xj} 为虚拟井和其他生产井间的连通关系；$\lambda_{ij}^{(x)}$ 为生产井 x 关闭时注采井间的连通系数；β_{xj} 为虚拟井处生产井 x 和生产井 j 间的连通系数。

当生产井井底流压恒定时，将补偿电容模型进行离散化处理：

$$i_i^{(x)}(n) = i_i(n_0)\, \mathrm{e}^{\frac{-(t_n-t_0)}{\tau_{pi}}} + \sum_{j=1}^{N} \lambda_{ij}^{(x)}\, w_{ij}^{(x)'}(n) \tag{5-17}$$

其中：

$$w_{ij}^{(x)'}(n) = \sum_{m=n_0}^{m=n} \frac{\Delta n}{\tau_{ij}}\, \mathrm{e}^{\frac{m-n}{\tau_{ij}}}\, q_{ij}(m) \tag{5-18}$$

式中，n 为采样时间点；Δn 为采样时间间隔；λ 和 τ 作用于估算出注水井 i 的注水量 $\hat{i_i}$；λ_{ij} 为注水井 i 和生产井 j 间的连通系数；τ_{ij} 为注水井组中注水井 i 和生产井 j 间的时间常数；q_{ij} 为注水井组 i 中的生产井 j 的日产液量。

5.4 基于高斯分布的参数优化方法

采用参数优化的方法确定补偿电容模型连通系数 λ 和时间常数 τ，模型参数较多，求解复杂。传统优化方法包括动态规划、遗传算法等。动态规划算法会出现维度激增的情况，导致计算量指数上升；遗传算法面对高维问题时间开销大，易收敛到局部最优解，对新空间的搜索能力有限且稳定性较差，随机算法需进行多次的运算才能找到较好的覆盖解集空间的解。选取基于高斯分布的种群优化方法求解模型参数，通过正态分布随机生成种群，迭代优化参数初值，避免参数求解时出现局部最优的情况。

5.4.1　基本原理

基于高斯分布的参数优化方法基本原理是：随机生成均数 μ 附近的变量，越靠近均值 μ 生成的概率越大，避免产生局部最小值。高斯分布包含期望 μ 和标准差 σ，期望 μ 称为位置参数，决定高斯分布图形轴所在位置；标准差 σ 称为异变参数，决定高斯分布图形的陡峭程度，见式（5-19）：

$$f(x) = \frac{1}{\sigma\sqrt{2\pi}}e^{-\frac{(x-\mu)^2}{2\sigma^2}} \tag{5-19}$$

5.4.2　算法流程

基于高斯分布的种群优化方法的算法步骤：

步骤1：根据预期求解参数的取值范围，初始化高斯分布的均值 λ 和标准差 σ。

步骤2：根据高斯分布产生一组求解参数的样本点 $X = \{x_1, x_2, \cdots, x_n\}$。

步骤3：对当前组内的样本点进行分析评估获得每个样本点的误差。

步骤4：评估样本点的优劣，根据样本点误差，挑选该组中 m 个误差最小的最优解 $Y = \{y_1, y_2, \cdots, y_m \mid y_i \in X\}$。

步骤5：更新高斯分布的均值和标准差。

步骤6：判断该组样本中最小误差是否达到预期标准，若达到进行步骤7；否则返回步骤2。

步骤7：输出当前组样本中最小误差所对应的样本点的参数。

5.5　基于补偿电容模型的井间连通性判断算法

5.5.1　原理概述

针对缝洞型油藏工作制度变化频繁的情况，特别是大缝大洞导致的高含水引起的关停井问题，考虑注水量信号时滞性和衰减性，采用补偿电容模型反演注采井间的连通程度。模型需要确定连通系数 λ 和时间常数 τ，参数众多，解集空间巨大，变量间的相互影响关系不明朗，计算求解复杂。

图5-7展示了2个迭代周期内采用高斯分布优化算法来判断井间连通性的流程，图5-7(a)为基于高斯分布生成多组连通系数，图5-7(b)根据模拟结果评估各组连

通系数，图 5-7(c)基于较优的连通系数更新高斯分布，图 5-7(d)根据新高斯分布生成新一轮的连通系数并确定当前最优值。

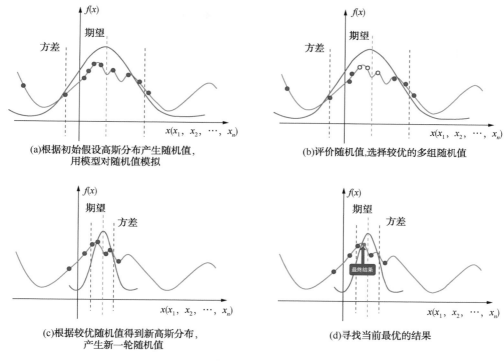

(a)根据初始假设高斯分布产生随机值，
用模型对随机值模拟

(b)评价随机值,选择较优的多组随机值

(c)根据较优随机值得到新高斯分布，
产生新一轮随机值

(d)寻找当前最优的结果

图 5-7　高斯分布优化算法流程(2 个迭代周期)

5.5.2　算法流程

结合注采生产动态数据，通过高斯分布优化求解连通系数 λ 和时间常数 τ，以此刻画井间连通程度。算法步骤设计如下：

步骤 1：读入注采生产动态数据，包括注水数据、注水段、生产井数据等。

步骤 2：根据当前的解集空间，初始化高斯分布，确定均数 μ 和标准差 σ。

步骤 3：随机初始化每一轮每一组的连通系数 λ 和时间常数 τ。

步骤 4：各组参数 τ 和 λ 代入到补偿电容模型中，比较估计值与真实值。

$$\min\left\{ \sum_{i=1}^{N} \left[i_i(n) - \hat{i}_i(n) \right]^2 \right\} \qquad (5-20)$$

式中，$i_i(n)$ 为注水井 i 的实际注水量值；$\hat{i}_i(n)$ 为注水井 i 注水量的估计值。

步骤 5：在每轮每组的累计误差中挑选 M 个误差最小的最优解。

步骤 6：判断每组参数得到的误差，当前最优组得到的误差是否满足预设条件，若满足直接进入步骤 8，否则进入步骤 7。

步骤 7：计算 M 个最优解参数 λ 的均值，更新高斯分布的参数均数 μ 和标准差 σ，将之映射到公式：

$$f(x) = \frac{1}{\sigma\sqrt{2\pi}} e^{\frac{(\lambda_{x+1}-\lambda_x)^2}{2\sigma^2}} \tag{5-21}$$

步骤 8：重新随机生成参数 $\{\lambda_1, \lambda_2, \cdots, \lambda_n, \tau_1, \tau_2, \cdots, \tau_n\}$ 进行初始化，返回步骤 2。

步骤 9：直到参数收敛算法结束，得到补偿电容模型的参数。

步骤 10：计算并输出连通系数。

具体流程如图 5-8 所示。

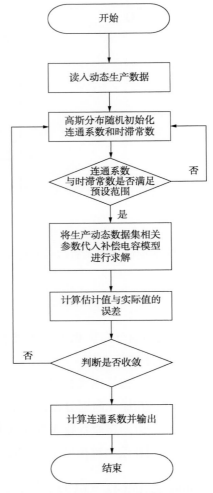

图 5-8　基于高斯分布求解模型参数流程图

算法伪代码如下：

基于高斯分布求解模型参数的伪代码
Input：井名集合 WELL_NAME，数据模型 base，　　生产动态数据 PTR_TEST
Output：连通系数 outFile
1：N←使用 WELL_NAME 获取井个数

2： for i←0：N do

3：　　well_name←WELL_NAME［i］

4：　　flag←TRUE

5：　　timesflag←0

6： 初始化注水段时间 pre←−1

7： 初始化注水段次数 sumConInjectCount←0

8：　　while 1 do

9：　　　　++ sumConInjectCount

10： 使用 well_name 获取注水井数据和生产井集合

11：　　injectionTime←使用 base 和注水数据获取注水段

12：　　　if pre == injectionTime then

13：　　　　break

14：　　　end if

15：　　　pre←injectionTime

16：　　　if pre == −1 then

17：　　　　break

18：　　　end if

19：　　　λ←初始化高斯分布电容模型连通系数，τ←时间常数

20：　　　使用 PTR_TEST，injectionTime 计算更新多次确定电容模型连通系数 λ 和时间常数 τ 确定电容模型

23：　　　end

24：　　使用电容模型计算连通系数

25：　　输出各种分时以及汇总的连通系数 outFile

26： end for

5.6　实例

以塔河油田 S80 单元 TK664 注水井组为例，井位如图 5-9 所示。

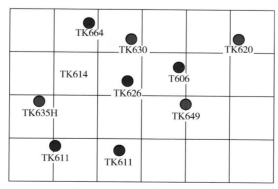

图 5-9　TK664 井组井位图

5.6.1　示踪剂测试

TK664 井于 2007 年 6 月 4 日开始注水和示踪剂测试，注入 BY-1 示踪剂，次日开始对 T606、TK611、TK614、TK620、TK626 和 TK630 等 6 口井取样。取样至 2007 年 10 月 10 日，历时 126d，共取样 385 个。该井组示踪剂各生产井监测情况如表 5-2 所示。

表 5-2　TK664 井组示踪剂监测情况

注水井	生产井	井距/m	背景浓度/cd	突破时间/d	突破浓度/cd	推进速度/（m/d）	峰值时间/d	峰值浓度/cd	回采率/%	累积浓度/cd	劈分系数/%
TK664	T606	1694.7	92.5	7	170.5	242.1	24	1085.7	0.0070	5585.5	6.37
	TK620	2536.8	80.2	5	306.7	507.3	16	1819.3	0.0515	31382.2	46.62
	TK626	1531.5	163.8	19	325.6	80.6	29	1467.5	0.0271	19168.5	24.56
	TK611	2184.2	128.4	68	302.3	32.1	70	537.2	0.0027	1882.6	2.47

由于存在储层物性的差别，平面和纵向非均质性较强，推进速度存在明显差异，TK620 方向上的渗透性最好，突破时间最短，水线推进速度最快。与该区域储层主裂缝发育方向基本一致。该井组的示踪剂浓度产出曲线如图 5-10 所示。

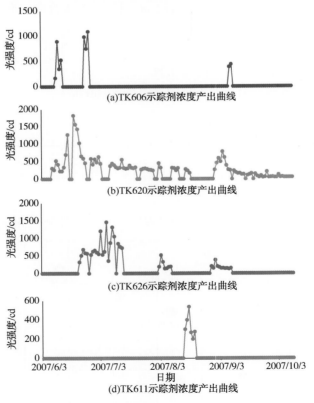

图 5-10　TK664 井组示踪剂浓度产出曲线

从示踪剂浓度产出曲线来看，T606、TK620、TK626 以及 TK611 生产井的峰值浓度分别为背景浓度值的 11.74 倍、22.68 倍、8.96 及 4.18 倍，其中 TK620 井峰值时间短，峰值浓度高，渗透性好，可能存在大尺度裂缝沟通。

综上所述，根据示踪剂测试结果认为 TK664 井与 TK620 井、TK626 井、T606 井、TK611 井连通，主要连通通道为 TK620 井，其次为 TK626 井和 T606 井方向，TK611 方向的连通性最差，结合区域地质特征井组储层具有强非均质性。

5.6.2 补偿电容模型评价

TK664 井组于 2006 年 1 月 19 日开始实施注水，累计注水共 $10431m^3$，应用补偿电容模型得到井间连通程度的结果，并将结果与示踪剂测试及传统电容模型的结果进行对比，对比结果见表 5-3。

表 5-3 TK664 井组连通程度评价

注水井	生产井	示踪剂注水分配比/%	补偿电容模型连通系数/%
TK664	TK611	2.5	14.66
	T606	6.4	18.34
	TK620	46.6	25.69
	TK626	24.5	21.31

对比分析可知，该井组连通程度最好的为 TK620 井和 TK626 井，T606 井和 TK611 井连通程度较差。该井组基于补偿电容模型的连通程度评价与示踪剂测试结果基本吻合，说明补偿电容模型的有效性。

6 软件平台功能介绍

软件基于 VS 2010 的 MFC 开发环境,是使用 C++语言、TeeChart 以及 VTK 开发的,使用环境为 Windows 10,一共提供 4 大模块,编码 33 万行,使用手册 1 份。

各个部分之间相互独立、互不干扰,最大程度地发挥软件的实用性。软件具有如下功能特点:

(1)功能模块分离架构设计,每一个功能模块设计成为系统中的独立模块,有效防止模块内部的缺陷扩散,提高系统的健壮性和可扩展性。

(2)在 Windows 系统下开发,采用 MFC 框架以及第三方库进行开发,支持 Windows 平台下主流编译器(如 VS2010、VS2012、VS2013 等),符合 Windows 系统下软件开发的标准,降低开发的难度,提高系统的可生存性。

(3)实现软件系统 1180×24 小时无故障可靠运行,提高设备软件在各种操作系统平台下运行的稳定性和持续性。

(4)实现对多语种和字符集的支持能力,通过采用国际统一编码字符集 UTF-8 标准,以解决对中英等不同国家语种字符集的支持,提高客户软件系统的适应性。

(5)实现完整工程方案的建立,支持新建工程、保存工程、新建方案、保存方案等,采用树形结构与菜单结构相结合的方式来显示软件系统各个功能,极大地方便工作人员熟悉并应用该软件系统。

(6)软件系统数据采用文件读取与保存的形式,具有快速读入和写入各类地质数据的特性,同时采用文件的组织形式,数据结构清晰,方便操作人员对数据的了解。

6.1 主界面

本软件操作平台(主界面)模仿 Petrel 的风格,窗口顶部是菜单栏和工具栏,下部是信息栏,主体部分左侧是模型和方案管理区,中间是图形显示区,右边是各类操作控制面板区(见图 6-1)。

系统窗口是系统的一个主窗口,包含了系统的主要功能。

软件界面分主菜单、工具栏、状态栏、信息栏、数据与图形目录、图形显示区和设置面板区。

主菜单区显示软件的菜单,突出体现井间连通性计算研究的过程,分成项目文件相关功能、项目静动态数据管理功能、综合评价功能、后处理功能、报表输出功

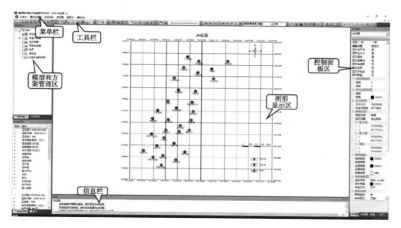

图 6-1   主界面

能、视图功能、图形播放与设置、窗口布局设置和帮助 9 个部分。

工具栏显示常用功能的快捷按钮，分成项目文件管理功能、图形结果输出功能、与图形相关的功能。

状态栏显示当前操作过程中的提示信息等。

信息栏显示当前显示图的文字说明信息。

控制面板区显示当前图形的属性信息，而且提供修改功能，用户可以根据需要更改当前图形的显示属性。

图形管理区包括模型输入和井间连通面板。用户在此处可以同时批量打开或者编辑一个或者多个单元数据，也可以批量显示多个方案的多个模型和结果。

图形显示区显示图形信息和参数信息，用户可以在此查看自己需要的图形信息。

6.2   前处理模块

数据管理是软件的重要组成部分，软件首先会对输入/导入数据进行检查，检查是否符合数据规范，同时支持从文本文件、Word 以及 Excel 文件中导入数据等多种方式。导入数据能以图表的方式直观地显示，采取方案管理的方式实现多个缝洞单元的数据管理与连通性计算结果的批量处理，方便不同方案间的横向对比。系统的数据导入主要为示踪剂数据、注水数据、生产数据和单元边界数据、井轨迹数据、无因次控制体积。

6.2.1   数据存储

针对采集和计算的静动态数据，采用数据库进行一体化存储管理，通过分析数据的特点以及关联开展设计。

1）数据库表设计

将软件所有静动态数据进行分类整理，包括生产数据、静态数据、场数据等，对各类数据进行存储管理。数据类型名与存储的数据类型间的对应关系如表 6-1 所示。

表 6-1   数据类型名与存储数据类型对应表

数据类型名	存储数据类型
BOUND	边界坐标数据
F_PARAM	参数场数据
GEO_CONSTRUCTION	构造场数据
GEO_FAULT	断裂坐标数据
W_PATH	井轨迹数据
F_TYPE	生产数据表头信息
N_TABLES	表名信息
INJECT	注水数据
CONNECTED	连通计算的连通权值数据
PRODUNCT	各类动态生产数据
W_BLOCK	区块数据
W_CONNECT	井间连通信息
W_POS	单井属性数据

部分表的详细设计包括字段名称、字段类型、字段含义等，其中生产数据表设计如表 6-2 所示。

表 6-2   生产数据表设计

表名	PRODUCT	
表名含义	生产数据表	
字段名称	字段类型	字段含义
ID	BIGINT	唯一标识编号
WELL	INT	井编号
RQ	DATATIME	日期
TY	FLOAT	套压
YY	FLOAT	油压
YZ	FLOAT	油嘴
CC	FLOAT	冲程
CC1	FLOAT	冲次
RCYL1	FLOAT	日产液量
RCYL	FLOAT	日产油量
RCSL	FLOAT	日产水量
HS	FLOAT	含水率
RCQL	FLOAT	日产气量
DYM	FLOAT	动液面
JYM	FLOAT	静液面
LY	FLOAT	流压
BZ	NTEXT	备注

2）表间关系结构设计

对各个数据表进行关联分析，形成 E-R 图，如图 6-2 所示。

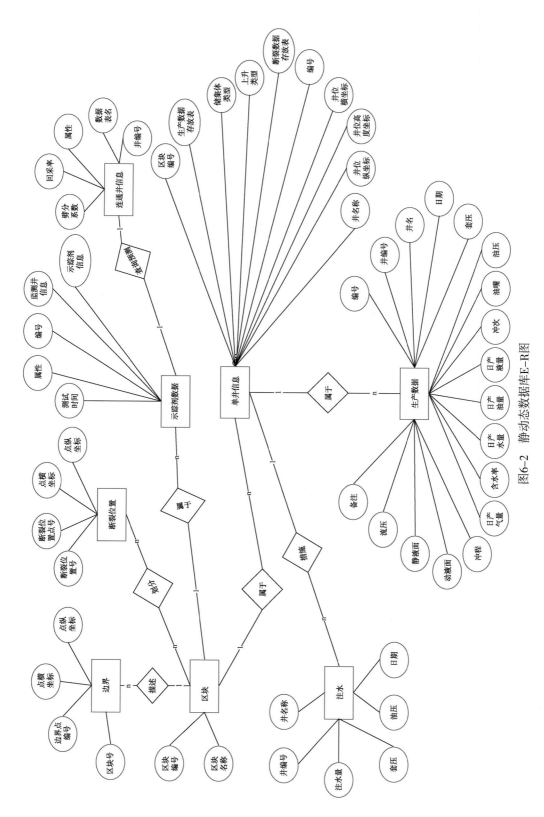

图6-2 静动态数据库E-R图

6.2.2 数据导入操作流程

1）示踪剂数据导入

点击菜单项"静动态数据"，选择"示踪剂数据"一项，出现以下对话框，见图 6-3。

图 6-3 示踪剂数据的导入/输入界面

用户需要在编辑框中编辑选择区块，输入相应的注入井名、注入时间（年月日）、示踪剂种类选择、检测井井名、突破时间（年月日）、峰值时间（年月日）、背景浓度、突破浓度、峰值浓度、示踪剂投放量、示踪剂未产出、地层吸附滞留、部分井受效无响应。

系统提供了两种管理数据的方式。第一种是在表格中按照对应的属性直接输入或者从 Excel 中将对应属性的数据复制粘贴到表格中，点击"导入表格数据"按钮即可将数据导入，见图 6-4。

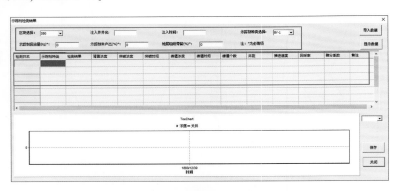

图 6-4 输入或粘贴的区块数据导入

第二种是点击"导入 Excel 数据"按钮，将区块数据从 Excel 读入到表格中。读入完毕后，弹出"Excel 数据加载完毕"提示，此时可以对数据进行修改，或直接点击"导入表格数据"即可将数据导入数据库，见图 6-5。

最后，选择"保存"按钮，对示踪剂数据进行以文件形式和数据库形式保存（见图 6-6），再次打开工程时，会优先读取数据库中的数据。

图 6-5　Excel 示踪剂数据的导入

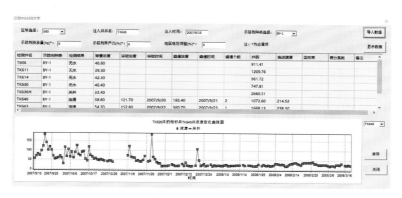

图 6-6　数据保存

2）注水数据导入

点击"静动态数据"菜单下的"注水数据"，会出现如图 6-7 所示界面。

图 6-7　注水数据导入对话框

在目录下找到一个表名为单元注水 .xlsx 的 Excel 表，如图 6-8 所示。

图 6-8　导入数据

点击打开即可导入注水数据，导入注水数据后，数据会保存到数据库中，再打开工程的时候，则会在数据库中读取注水数据。

3）生产数据的导入

点击"静动态数据"菜单下的"生产数据"，会出现如图 6-9 所示界面。

图 6-9　生产数据导入对话框

之后在目录下找到文件名为 ProductData 的文件夹，如图 6-10 所示。

点击确定即可导入生产数据，导入生产数据后，数据会保存到数据库中，再打开工程的时候，则会在数据库中读取生产数据。

4）单元边界数据导入

首先打开井位图，点击"静动态数据"菜单，将鼠标光标放在"单元边界"上，出现图 6-11。

图 6-10　选择数据

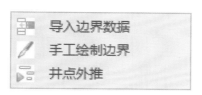

图 6-11　边界数据导入

如图 6-11 所示，在不打开井位图的情况下，以上选项都为灰色，无法使用，所以务必首先打开井位图。

边界数据导入总共有 3 种：第一种是导入边界数据，第二种是在井位图中绘制边界，第三种则是根据井位分布情况，推断边界数据。

第一种点击"导入边界数据"，出现图 6-12。

图 6-12　边界数据选择

选择自己所需要的 bound. dat 文件后，点击打开即可。

第二种点击"手工绘制边界"，即可在井位图上绘制手工边界。在所需的位置左击即可，图上出现绿色的小球标记（见图 6-13）。

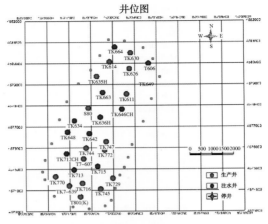

图 6-13　手工绘制边界

绘制完成后，再次点击手工绘制边界，即可完成，见图 6-14。

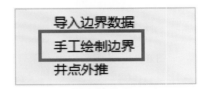

图 6-14　保存绘制的边界数据

第三种点击"井点外推"，则可以显示井点外推后的边界，见图 6-15。

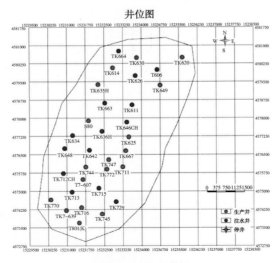

图 6-15　井点外推

5）井轨迹数据导入

点击"静动态数据"菜单下的"井轨迹"，会出现如图 6-16 所示界面。

图 6-16　井轨迹数据导入对话框

之后在目录下找到文件名为 Path 的文件夹，如图 6-17 所示。

图 6-17　井轨迹数据选择

点击确定即可导入井轨迹数据。

6）无因次控制体积计算

点击"静动态数据"之后，再点击"无因次控制体积"，弹出无因次控制体积对话框，选择区块（见图 6-18）。

之后，点击"计算无因次控制体积"即可计算获取该数据。

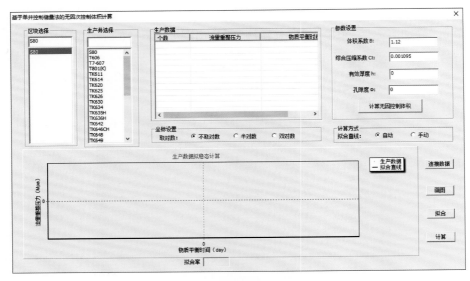

图 6-18　无因次控制体积计算对话框

6.3　连通评价模块

　　井间连通程度计算功能是平台的核心。从油藏地质和开发动态角度优选能有效表征连通通道特征的 5 类参数，提供 5 类静动态特征的自动提取功能，提供基于模糊综合评判的连通通道评价模型，多角度逐级减少判别中的不确定性和多解性。示踪剂分析主要用于示踪剂测试综合解释，分析示踪剂产出特征，获得注入流体的运动方向、推进速度和波及情况，方便井间连通评价结果和示踪剂测试结果的横向对比分析（见图 6-19）。

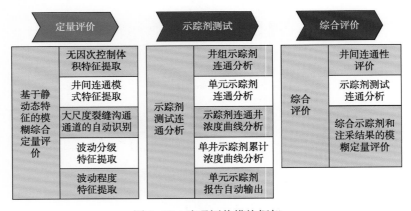

图 6-19　连通评价模块框架

6.3.1　静动态特征提取

　　在缝洞单元划分基础上，将单元中的注水井、生产井和连通通道视为小型注采系统，连通通道定量描述和系统中井点处钻遇的储层类型、井间连通模式、井间高角度裂缝纵向沟通的实际距离、井周裂缝发育程度等地质特征密切相关，同时也和注水激励下生产井的响应特征有关。研究充分利用现有的静动态资料，基于多重分形、Blasingame法及广度优先搜索等多种方法完成静动态特征的提取。

如井间连通模式自动判断子模块，奥陶系碳酸盐岩储层以岩溶和构造运动形成的溶洞、溶蚀孔洞和裂缝系统为主的储集空间；裂缝是主要的流动通道。井间连通模式主要分为3类。第一类为井间洞连通。在生产过程中，钻遇溶洞的油井井底仅存在较小范围的压力波动，两口井之间短期内不存在压力干扰，注采生产动态响应特征不明显。第二类为井间缝连通，此类连通类似碎屑岩油藏的两口井之间，井底的压降漏斗相互重合，从而存在井间压力干扰。对于此类连通，注采生产动态响应特征明显，波动程度强。第三类为缝洞复合连通，此类分为两种情况：若相邻两口井的其中一口在产层段钻遇地下溶洞，而另一口井则钻遇裂缝段，则此类连通的井间干扰取决于洞的大小，如果洞内流体容积足够平衡压力波动，则不存在井间压力干扰；若两口井都钻遇了溶洞，但两井生产动态干扰明显，则说明两井钻遇溶洞且以裂缝沟通。

基于上述井间连通模式和特征研究，综合各类注采响应和关井、新投产、油嘴放缩等类干扰特征，结合示踪剂测试结果，分析井间能量干扰情况，综合基于滑动窗口的最大波动特征提取技术、多重分形技术实现井间连通模式（洞连通、缝连通、缝-洞复合连通等）的自动判断。井间生产动态强干扰的为大缝沟通，较强干扰的为缝-洞复合连通，井间生产动态干扰弱的为洞连通，无动态干扰的为不连通。同时采用示踪剂测试结果加以对比验证。井间连通模式自动判别流程图如图6-20所示。

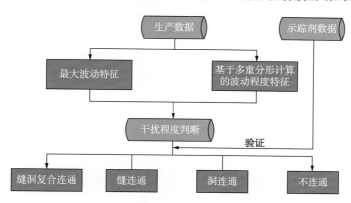

图6-20　井间连通模式自动判别流程图

6.3.2　基于静动态特征的模糊综合评判法子模块

在提取的静动态特征基础之上，基于知识驱动与数据驱动模型，建立井间连通定量评价指标体系，基于层次分析法确定各特征的权重因子，采用模糊综合评判法计算综合连通系数，实现井间连通程度的定量表征，具体功能模块如图6-21所示。

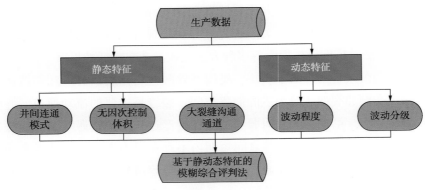

图 6-21　井间连通程度计算示意图

各类井间连通静动态特征参数分别从不同的角度对井间连通程度进行描述，选取影响主要指标，采用基于静动态特征的模糊综合评判法构建评价矩阵，计算各指标权重，建立适用于缝洞型油藏井间连通程度判断的模糊评判模型，计算得到井间综合连通系数，定量评价井间连通程度。具体计算流程和计算窗口分别如图 6-22 和图 6-23 所示。

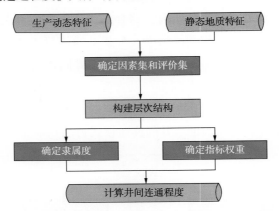

图 6-22　基于静动态数据的模糊综合评判法模块计算流程

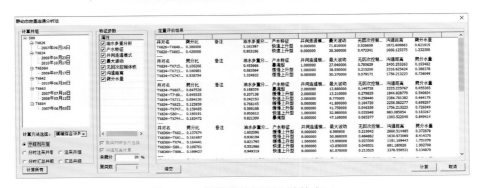

图 6-23　模糊综合评判法计算窗口

6.3.3　示踪剂测试井间连通综合解释模块

示踪剂测试井间连通综合解释模块主要对示踪剂测试的结果进行管理和分析，按照示踪剂数据模板自动生成平台分析需要的数据格式，提供示踪剂分析需要的各类图件，自动输出示踪剂报告，帮助油藏工程师对井间连通性进行分析和对比验证(见图 6-24)。

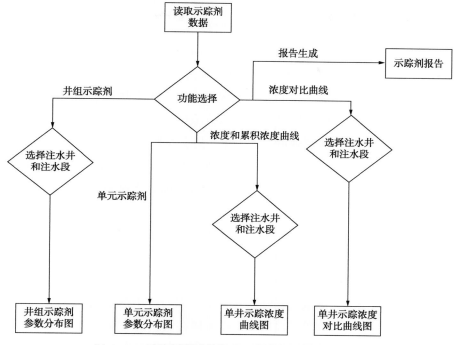

图 6-24　示踪剂测试井间连通综合解释模块示意图

1) 示踪剂测试判断连通的思路

(1) 通过对示踪剂产出曲线进行分析，观察临井示踪剂元素是否明显变化(超过该井背景值的 2 倍)来验证两口井间是否连通。在注水井中注入示踪剂一段时间后，若其周围监测井水样中示踪剂元素的含量明显增高，则注水井、监测井连通，属同一个缝洞单元，否则两口井间不连通。

(2) 如果示踪剂产出曲线具有多个峰值，表明两口井间有多个渗流通道。

(3) 通过示踪剂的回采率(各井采出的示踪剂量与注入的示踪剂量的比值的大小)、劈分系数等参数，定性地说明井间动态连通强弱。

(4) 根据累积示踪剂曲线形态研究流体在储层中的流动形式。

2) 示踪剂测试模块设计

示踪剂测试是一种比较有效的判断井间连通性的方法，但影响正常生产，当生产井不含水或低含水时无法正确判断。示踪监测解释过程中对各参数的计算使用的是砂岩油藏的示踪监测解释计算方法和软件，没有针对塔河油田缝洞油藏的特殊性设计示踪监测物理模型和数学解释模型，注入水在缝洞油藏中的流动方式与流动模式不能进行准确描述与评价。在示踪剂测试数据管理基础上，进一步采用代理模型方法对示踪剂浓度值、突破浓度、突破时间、回采率、劈分系数等多个指标判断注采井间连通程度，利用多参数减少示踪剂连通性测试评价中的不确定性。

综上所述，井间连通示踪剂测试综合解释模块主要研究工作包括示踪剂数据管理、示踪剂连通性分析、示踪剂连通井产出浓度曲线分析、示踪剂累积浓度曲线分析、基于机器学习的示踪剂连通程度综合评价。

（1）示踪剂数据管理。数据是示踪剂分析的基础，示踪剂数据包括示踪剂浓度Excel数据、交互输入数据和软件自动计算的数据。主要参数包括示踪剂投放量、示踪剂未产出量、地层吸附滞留、部分井受效无响应、注水井和生产井的井名、生产井检测结果、示踪剂浓度值、突破浓度、峰值浓度、突破时间、峰值时间、示踪剂种类、峰值个数、井距、推进速度、回采率、劈分系数等。

（2）示踪剂连通性分析。主要显示示踪剂井组、单元的连通性，以及连通强度，包括确定连通、由于关井不确定连通、由于无水不确定连通和弱连通。同时对确定连通井的强弱进行显示，主要显示的参数有突破浓度、峰值浓度、推进速度、突破时间长短、峰值时间长短、回采率、劈分系数等。峰值浓度、回采率、劈分系数等参数可以描述高渗通道对注入水的控制程度，推进速度大小表示裂缝的发育程度。

（3）示踪剂连通井产出浓度曲线分析。绘制各井组各生产井浓度曲线，同时自动识别关井、背景浓度、突破值和峰值等特征，以及产出浓度曲线形态是单峰还是多裂缝组合形态。峰值个数等可以用来表征流体在储层中的流动形式和非均值程度。绘制井组所有生产井浓度曲线，以横向和叠加对比两种方式展示，方便对比分析。

（4）示踪剂累积浓度曲线分析。绘制各注水井对应生产井累积浓度曲线，用于表示流体在储层中的流动形式是以对流为主还是以渗流为主，有没有工作制度的变化。

（5）基于机器学习的示踪剂连通程度综合解释。基于示踪剂测试分析，在综合考虑静产油井不含水或低含水时无法正确判断的情况下，通过对示踪剂浓度值、突破浓度、峰值浓度、突破时间、峰值时间、示踪剂种类、峰值个数、井距、推进速度、回采率、劈分系数等评价指标进行评价，在此基础上建立一套多指标评价体系，基于各评价指标使用代理模型来评价表征井间连通程度（见图6-25）。

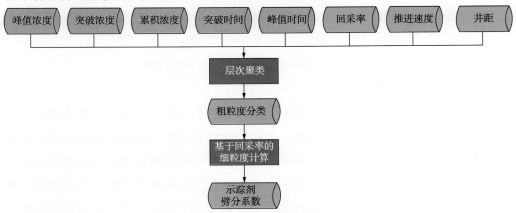

图6-25　示踪剂连通程度综合解释流程图

6.4 综合评价模块

长期注水导致连通的物质基础油层本身存在非均质性的变化，同时注采及地下流体能量的变化导致压差的不断变化，地层性质也会发生较大变化。因此，不同期次示踪剂测试结果、注采响应计算的结果是动态变化的，反映的是不同时间段和当时注采条件下的连通性。进行综合定量计算、静态地质特征、示踪剂测试结果，衡量不同时间段和当时注采条件下的连通性，能够减少判断的不确定。结果汇总具体设计如下。

（1）不同时间段注采定性结果汇总分析：每个注采井组会有多次注水，为避免多注多采以及后期频繁工作制度的干扰，最多判断前3次注水结果。对每次判断连通的采油井计数，如果某口井有2次以上都判断连通，则确定连通，并加入连通集合。如果某口井只有1次判断连通，则判断其他次是否因为没有足够数据，假如3次足够数据，2次不连通，1次连通，判断结论为不连通；假如2次足够数据，1次连通，1次不连通，再去看其他的波动特征参数，取均值，看是否超过阈值，是则判断结论为连通；假如1次足够数据，1次连通，按脉冲的类型判断，如果注水后脉冲段累计产油量与注水前脉冲段累计产油量差为正值，且超过5%（可设定阈值）时就判断为连通。

（2）不同时间段示踪剂结果汇总分析：由于做示踪剂的井是有限的，没有覆盖搜索半径内所有的井，每次测试的井也不同，因此示踪剂的汇总不能按照注采计算结果汇总的思路，直接汇总即可。

（3）不同时间段注采定量结果汇总分析：由于不同时间段每个注采井组的连通井数目是不一样的，算出的劈分量是个相对量，同时考虑到不同时间段累计注水量的大小也是不同的，由于量纲的原因，注采定量结果的汇总不适合直接加权累加相对劈分量，也不适合直接累加劈分的绝对累计注水量。因此优先选择每口连通井第一个注水段的特征参数（数据足够，一共120个数据，超过100个，工作制度调整少），可靠；如果第一次缺数据（关井或者无水导致含水、产液数据不全），看第二次是否开井并有足够的分析数据，如果第二次数据不全，则看第三次，若三次的数据都不全，则取相对较全的数据。

（4）井组示踪剂和注采响应连通程度分析：将注采响应算法所计算的连通结果与示踪剂测试连通结果取并集，之后再计算连通结果的静动态特征，利用模糊综合评判法计算连通程度。

（5）单元示踪剂和注采响应连通程度分析：利用以上方法，将所有井组的连通结果计算出来，将所有计算结果以一定格式进行存储，以便于结果的可视化。

示踪剂测试井间连通综合解释模块流程图如图6-26所示。

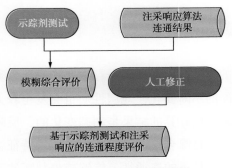

图 6-26　示踪剂分析流程图

6.5　后处理模块

三维可视化功能是井间连通程度计算后处理的核心功能，将各类静动态数据、井间连通计算结果以图表的方式直观显示。根据数据的类别，需要提供参数的可视化。功能框架如图 6-27 所示。

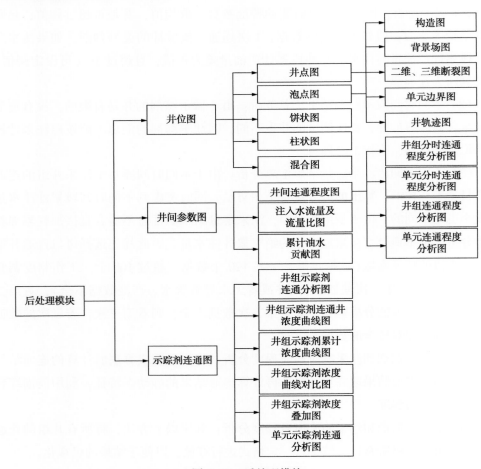

图 6-27　后处理模块

（1）静态地质参数可视化在井位图基础上绘制构造、断层、单元边界和井轨迹（见图6-28）。

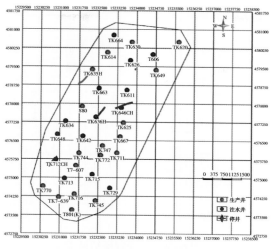

图6-28　静态地质参数（井位图）

（2）生产动态数据除了以曲线图方式显示单井的产液量、产油量、产水量、含水率、注水量、油压、套压、流压、动液面、静液面、油嘴等信息外，还需要按照井名、坐标、井别自动生成井位图，提供井位柱状图、饼状图、泡点图和混合图等形式，在井位图上按比例显示各井的动态数据，并以动画形式显示生产参数随时间的变化情况（见图6-29）。

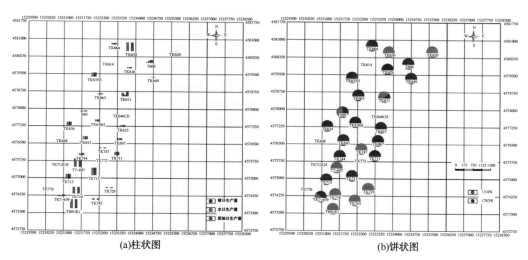

(a)柱状图　　　　　　　　　　　　　　(b)饼状图

图6-29　生产动态图

（3）井间连通参数可视化：将各类连通算法计算参数绘制成连通图、连通程度图，提供井间连通模式、无因次控制体积、大裂缝沟通通道、储集体类型、波动程度、最大波动、敏感系数和累积液油比等参数分布图，实时描述井间连通情况，反映井间渗流方向、流量分配情况，提供线、管、三角面片等多种表示形式，如图 6-30 所示。

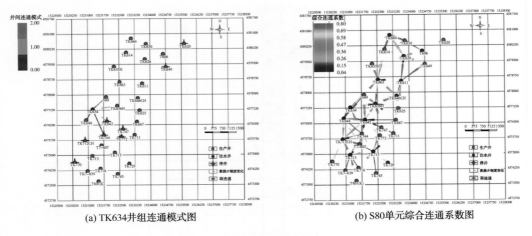

(a) TK634井组连通模式图   (b) S80单元综合连通系数图

图 6-30　连通程度结果图

（4）根据各井组示踪剂测试结果进行统计，用示踪剂注入劈分系数、突破浓度、峰值浓度、推进速度、突破时间、峰值时间、峰值个数、回采率、累计浓度等参数实时描述井间连通情况，反映井间渗流方向、流量分配情况，提供线、管、三角面片等多种表示形式。其结果以树结构显示在井间连通标签页，如图 6-31 所示。

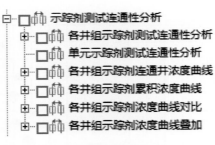

图 6-31　树结构选项

单击树节点下指定井组，提供各井组的注采连通程度情况。井组示踪剂测试连通分析图、单元示踪剂连通分析图、井组示踪剂连通井产出浓度曲线图、井组示踪剂累积浓度曲线图、井组示踪剂浓度曲线对比图以及各井组示踪剂浓度曲线叠加图分别从左到右按行排列如图 6-32 所示。

（5）示踪剂测试和连通程度计算综合评价可视化，包括综合模糊定量评价、示踪剂测试解释，以及不同时间段和当时注采条件下的连通性结果并可视化，包括井组不同时刻连通关系对比、井组注采响应及示踪剂测试连通参数横向对比、单元及井组综合后连通程度评价（见图 6-33）。

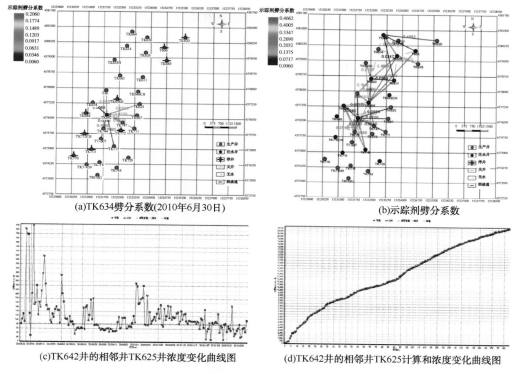

(a)TK634劈分系数(2010年6月30日)

(b)示踪剂劈分系数

(c)TK642井的相邻井TK625井浓度变化曲线图

(d)TK642井的相邻井TK625计算和浓度变化曲线图

图6-32　示踪剂结果图

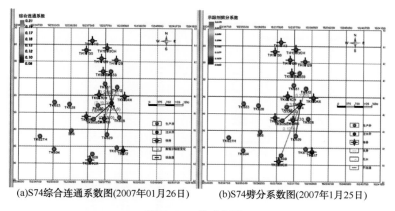

(a)S74综合连通系数图(2007年01月26日)

(b)S74劈分系数图(2007年1月25日)

图6-33　综合评价

6.6　计算流程

从软件架构可知，软件计算流程首先是定性计算，之后在定性计算的基础上开展定量评价。

6.6.1　定性分析

点击菜单项综合评价下的定性分析法会出现以下界面(见图6-34)，即可开始使用定性连通综合分析法进行井间连通性分析。

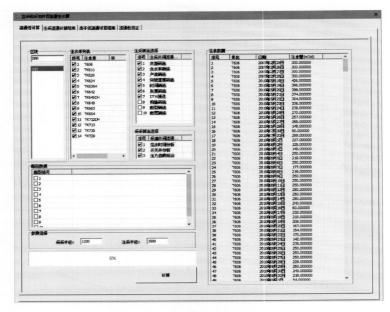

图 6-34　定性分析计算对话框

首先在连通性计算子页面中选择需要进行井间连通性分析的区块，则在注水井列表中出现该区块的井组名称，在注水井列表一栏中选择注水井，在算法选择一栏中选择算法种类（见图 6-35）。

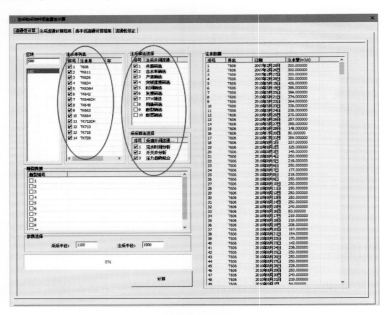

图 6-35　算法选择

在参数选择一栏中进行周期数、受效阈值、类干扰和搜索的设定（见图 6-36）。

最后点击计算即可，在进度条中可以观察计算的进度，计算完成后弹出计算完成的提示框（见图 6-37）。

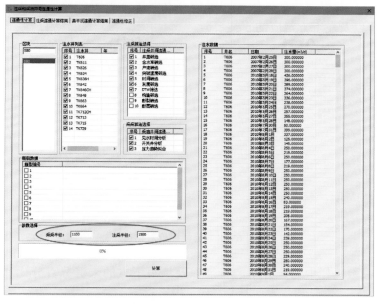

图 6-36　搜索范围

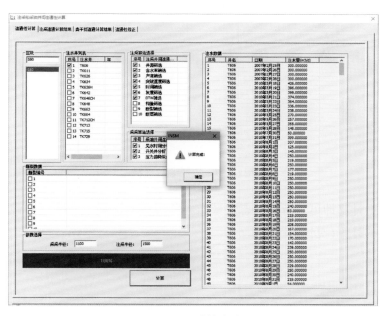

图 6-37　计算完成

点击关闭即可退出定性连通综合分析法弹窗。

6.6.2　定量评价

点击菜单项综合分析下的定量评价会出现以下界面(见图 6-38),即可开始使用静动态定量连通分析法进行井间连通性分析。

首先在计算井组中选择区块，同时在下方的单选项中选择计算方法（默认模糊综合评价法）以及左下方对应的 5 类数据。

图 6-38　定量评价对话框

在特征参数一栏中勾选井组的特征以及填写下方的未劈分百分比和聚类数（见图 6-39）。

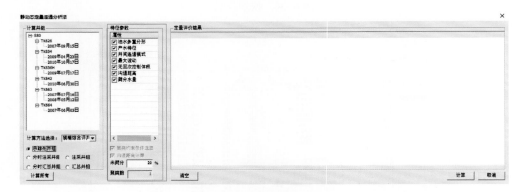

图 6-39　特征参数选择

最后点击计算即可进行静动态定量连通分析法的计算，也可点击利用该方法进行所有井组的计算（见图 6-40）。

图 6-40　点击计算

计算完毕后会在定量评价结果选项中显示结果(见图6-41)。

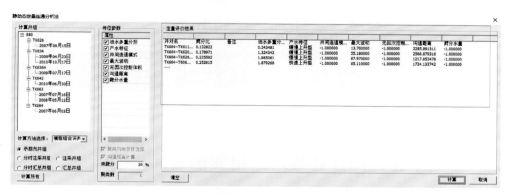

图 6-41　计算完成

至此，定量评价的计算已经完毕。

7 缝洞单元井间连通程度应用实例

7.1 S80单元井间连通程度应用实例

7.1.1 TK626井组

1）示踪剂测试情况

TK626井是塔河油田六区牧场北7号构造的一口开发井，生产层位O1-2y。TK626注水井组监测采油井7口——T606、TK611、TK614、TK630、TK636H、TK649和TK663（见图7-1），其中TK614井无水采油，其他井均不同程度含水生产，T606、TK611、TK614、TK630和TK636H在钻井过程中有放空或漏失现象，说明区域内缝洞较为发育，储层以缝洞型为主。

本次示踪剂检测情况如表7-1所示。

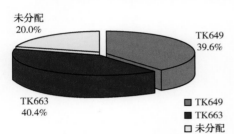

图7-1 TK626井组水量分配图

表7-1 TK626井组示踪剂监测情况

注水井	生产井	背景浓度/cd	突破时间/d	突破浓度/cd	峰值时间/d	峰值浓度/cd	井距/m	推进速度/(m/d)	回采率/%	劈分系数
TK626	TK649	26.9	2008年4月4日	57.6	2008年4月3日	39.6	1348	10.5	0.0029	0.306
	TK663	19.8	2008年4月3日	101.9	2008年4月3日	101.9	1093	8.5	0.0046	0.494

连通情况如图7-2所示。

2口连通井的示踪剂浓度曲线如图7-3、图7-4所示。

2）连通程度评价情况

基于模糊综合评判方法的连通程度评价方法参与计算的生产井有TK614、TK663、TK636H、TK6102X、TK649、T606、TK630共7口，其中TK614、TK6102X、T606、TK630由于无水导致无法计算，TK636H由于关井无法计算。评价结果：TK663和TK649两口井与注水井连通，TK649连通性最好，TK663连通性次之（见表7-2）。

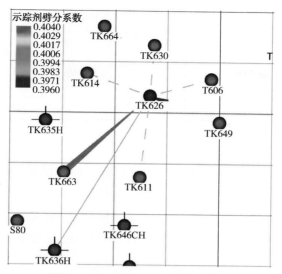

图 7-2　TK626 示踪剂测试连通图

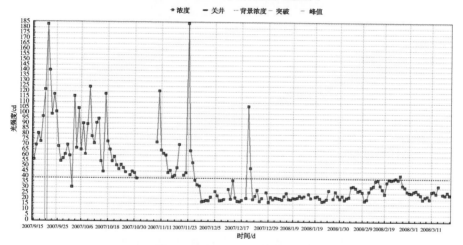

图 7-3　TK649 示踪剂浓度曲线图

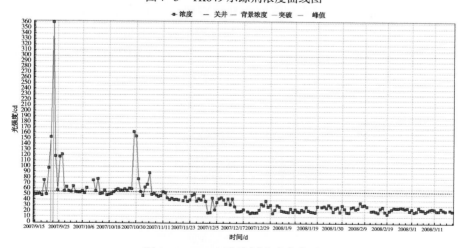

图 7-4　TK663 示踪剂浓度曲线图

表 7-2　TK626 井组连通情况

生产 井名	综合连 通系数	波动 程度	最大 波动	连通 模式	无因次 控制体积	井距/m	井点处储 集体类型
TK663	0.351	0.80	38.36	0	0.473	1668.13	裂缝型
TK649	0.449	1.16	71.81	0	0.527	1072.61	裂缝型

3）对比分析

第一次示踪剂测试了 7 口，连通的为 2 口井，连通程度大小依次为：TK663 为 40.4%，TK649 为 39.6%，相差非常小。基于模糊综合评判方法的定量评价连通程度大小顺序为：TK649>TK663。虽然顺序不一样，但是两者相差不大，示踪剂测试判断连通井连通程度与基于模糊综合评判的定量评价的井组连通程度一致（见表 7-3）。

表 7-3　TK626 结果对比分析表

井　名	示踪剂测试（劈分系数）	定量评价	备　注
TK649	39.6%	44.9%	一致
TK663	40.4%	35.1%	一致
劈分水量井数	2 口井	2 口井	—

7.1.2　TK634 井组

1）示踪剂测试情况

TK634 是在塔河油田 6 区牧场北 6 号构造上部署的一口开发井，TK634 位于 TK7-607 单元、S67 单元以及东北部位的 T606 单元区域的结合部位（见图 7-5）。该井 2002 年 5 月 24 日投产，投产时无水生产，无水采油期较长，至今已累计产液 15.5626×10^4t，产油 12.4326×10^4t。目前日产水液 31.2t，日产油 2.3t，含水 92.5%。该井在钻井过程中没有泥浆漏失和放空现象，但其邻井 TK648 在钻井过程中有放空和泥浆漏失现象，TK642 井在钻井过程中有泥浆漏失现象，说明其区域是缝洞发育的油藏。此次安排的监测油井 12 口分别是 TK642、TK648、TK636H、TK625、TK7-607、TK667、TK711、TK713、TK715、TK744、TK747、S80。

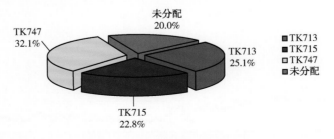

图 7-5　TK634 井组水量分配图

两次示踪剂测试，分别是 2009 年 4 月 23 日和 2010 年 10 月 17 日，第一次判断与 TK713、TK715 和 TK747 连通，主要流通通道是 TK747，其次是 TK715，最后为 TK713。

本次检测情况如表 7-4 所示。

表 7-4　TK634 井组示踪剂监测情况

注水井	生产井	背景浓度/cd	突破时间/d	突破浓度/cd	峰值时间/d	峰值浓度/cd	井距/m	推进速度/(m/d)	回采率/%	劈分系数
TK634	TK713	18.2	2009 年 5 月 23 日	40.8	2009 年 5 月 30 日	64.9	2316	77.2	0.0010	0.251
	TK715	20.3	2009 年 5 月 12 日	54.2	2009 年 5 月 13 日	92.6	2400	126.3	0.0009	0.228
	TK747	26.7	2009 年 5 月 1 日	136.7	2009 年 5 月 4 日	259.6	1756	219.5	0.0013	0.321

连通情况如图 7-6 所示。

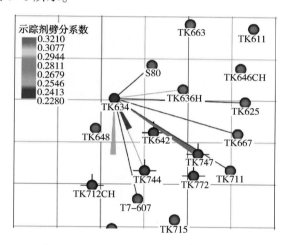

图 7-6　TK634 井组示踪剂测试连通图

3 口连通井的示踪剂浓度曲线如图 7-7～图 7-9 所示。

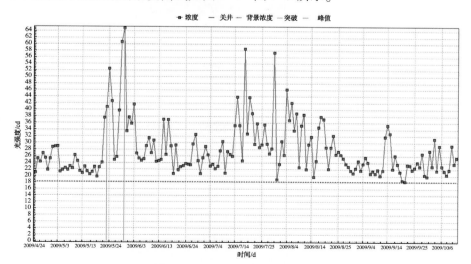

图 7-7　TK713 示踪剂浓度曲线

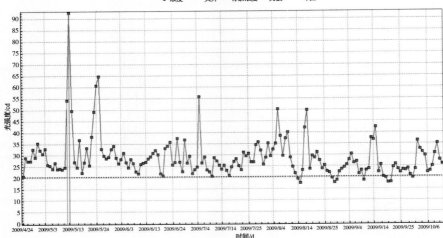

图 7-8　TK715 示踪剂浓度曲线

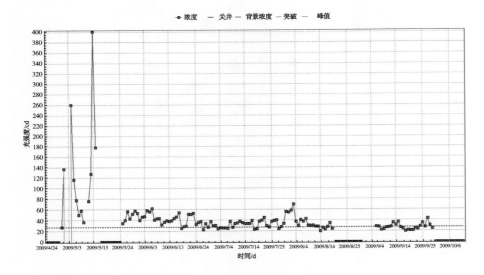

图 7-9　TK747 示踪剂浓度曲线

　　第二次判断 TK625、TK667、TK711、TK747、TK744、T7-607 和 S80 连通，其连通程度由小到大顺序是：T7-607、TK667、TK625、TK744、TK747、S80 和 TK711（见图 7-10）。

　　本次检测情况如表 7-5 所示。

　　连通情况如图 7-11 所示。

　　7 口连通井的示踪剂浓度曲线如图 7-12~图 7-18 所示。

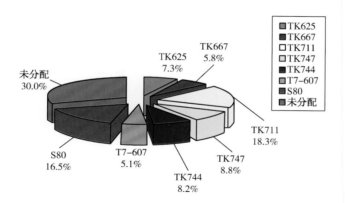

图 7-10   TK634 井组水量分配图

表 7-5   **TK634 井组示踪剂监测情况**

注水井	生产井	背景浓度/cd	突破时间	突破浓度/cd	峰值时间	峰值浓度/cd	井距/m	推进速度/(m/d)	回采率/%	劈分系数
TK634	TK625	32.5	2010 年 11 月 20 日	147.4	2010 年 11 月 24 日	332.0	2258	66.4	0.0007	0.073
	TK667	27.9	2011 年 1 月 10 日	110.3	2011 年 1 月 12 日	362.9	2225	26.2	0.0006	0.058
	TK711	38.5	2010 年 11 月 14 日	114.4	2010 年 11 月 17 日	379.6	2385	85.2	0.0018	0.183
	TK747	30.8	2010 年 11 月 5 日	152.7	2010 年 11 月 7 日	463.5	1756	92.4	0.0009	0.089
	TK744	35.5	2010 年 12 月 20 日	206.4	2010 年 12 月 20 日	206.4	1393	21.8	0.0008	0.082
	T7-607	39.8	2010 年 10 月 30 日	159.6	2010 年 11 月 2 日	263.9	1844	141.9	0.0005	0.051
	S80	36.5	2010 年 11 月 25 日	298.6	2010 年 11 月 25 日	298.6	883	22.6	0.0017	0.165

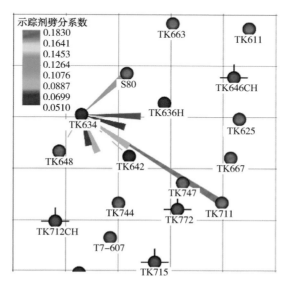

图 7-11   TK634 连通程度图

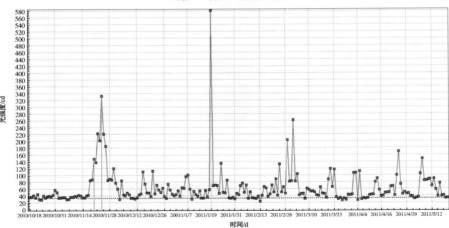

图 7-12　TK625 示踪剂浓度曲线图

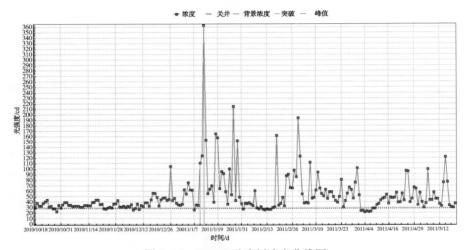

图 7-13　TK667 示踪剂浓度曲线图

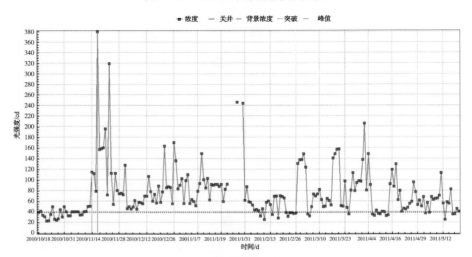

图 7-14　TK711 示踪剂浓度曲线图

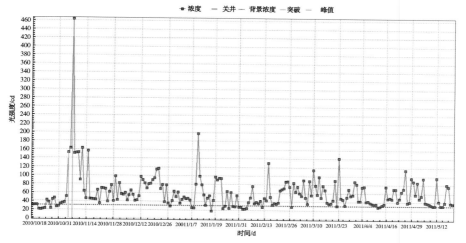

图 7-15　TK747 示踪剂浓度曲线图

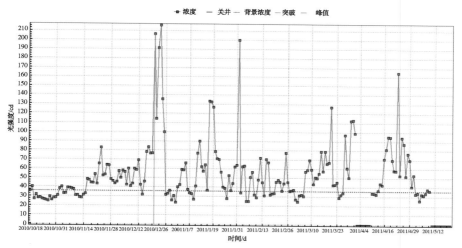

图 7-16　TK744 示踪剂浓度曲线图

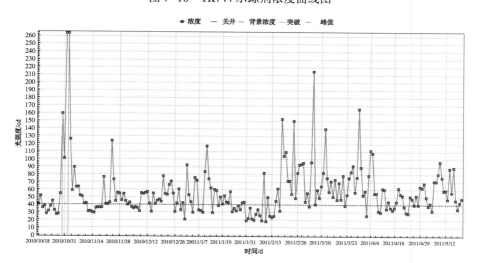

图 7-17　T7-607 示踪剂浓度曲线图

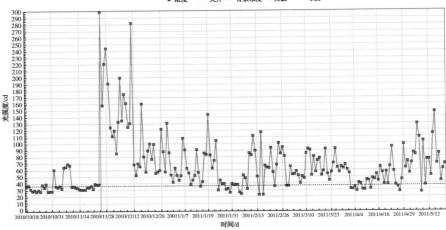

图 7-18　S80 示踪剂浓度曲线图

2）连通程度评价情况

第一次注水，基于模糊综合评判方法的连通程度评价方法参与计算的生产井有 S80、TK636H、TK625、TK667、TK711、TK747、TK715、TK744、T7-607、TK713 共 10 口，其中 TK636H、TK744 井因关井无法计算，S80、TK652、TK667、TK711、T7-607 判断不连通。评价结果：3 口井连通，其中 TK747 井与注水井连通性最好；TK713 和 TK715 井连通程度较弱，两者处于同一级别（见表 7-6）。

表 7-6　TK634 井组连通情况

生产井名	综合连通系数	波动程度	最大波动	连通模式	无因次控制体积	井距/m	井点处储集体类型
TK715	0.11	0.49	27.04	1	0.706	2400	缝洞型
TK713	0.15	0.58	38.55	1	0.215	2316	缝洞型
TK747	0.54	1.32	50.37	0	0.079	1756	缝洞型

第二次注水，基于模糊综合评判方法的连通程度评价方法参与计算的生产井有 S80、TK625、TK667、TK711、TK747、TK642、TK744、T7-607、TK648 共 9 口，其中 TK648、TK642 因无水无法计算。评价结果：7 口井连通，连通程度从小到大顺序为 S80>TK744>TK747>TK625>TK667>TK711>T7-607（见表 7-7）。

表 7-7　TK634 井组连通情况

生产井名	综合连通系数	波动程度	最大波动	连通模式	无因次控制体积	井距/m	井点处储集体类型
T7-607	0.03	0.21	13.21	2	0.369	1844	溶洞型
TK711	0.056	0.24	8.77	2	0.144	2384	缝洞型
TK667	0.059	0.19	12.88	2	0.144	2225	洞缝型

生产 井名	综合连 通系数	波动 程度	最大 波动	连通 模式	无因次 控制体积	井距/m	井点处储 集体类型
TK625	0.113	0.77	41.89	0	0.168	2258	缝洞型
TK747	0.152	0.59	41.75	0	0.047	1756	缝洞型
TK744	0.171	0.82	47.16	0	0.084	1393	洞缝型
S80	0.219	0.96	52.98	0	0.043	883	缝洞型

3）对比分析

第一个时间段示踪剂测试了 10 口井，连通的为 3 口井，连通程度大小依次为：TK747 最好为 32.1%，TK713 中等 25.1%，TK715 最差 22.8%，但 TK713 和 TK715 相差不大。基于模糊综合评判法的定量评价连通程度大小顺序为：TK747>TK713>TK715，且 TK713 和 TK715 两者连通程度相差不大。示踪剂测试判断连通井连通程度与基于模糊综合评判法的定量评价的井组连通程度一致（见表 7-8）。

表 7-8 　TK634 结果对比分析表 1

井　名	示踪剂测试（劈分系数）	定量评价	备　注
TK747	32.1%	44.1%	一致
TK713	25.1%	19.4%	一致
TK715	22.8%	16.4%	一致
劈分水量井数	共 3 口井	共 3 口井	—

第二个时间段示踪剂测试了 9 口井，连通的为 7 口井，连通程度大小从小到大依次为：T7-607、TK667、TK625、TK744、TK747、S80 和 TK711。基于模糊综合评判法的定量评价连通程度大小顺序为：S80>TK744>TK625>TK747>TK711>T7-607>TK667。其中除了 TK711 定量评价结果偏小外，其他连通井的示踪剂测试判断连通程度与基于机器学习的定量评价连通程度一致（见表 7-9）。

表 7-9 　TK634 结果对比分析表 2

井　名	示踪剂测试（劈分系数）	定量评价	备　注
T7-607	5.1%	3%	一致
TK711	18.3%	5.6%	不一致
TK667	5.8%	5.9%	一致
TK625	7.3%	11.3%	一致
TK747	8.9%	15.2%	一致
TK744	8.2%	17.1%	一致
S80	16.5%	21.9%	一致
劈分水量井数	共 7 口井	共 7 口井	—

7.1.3 TK636H 井组

1）示踪剂测试情况

TK636H 井位于单元西南部边缘位置，该井钻进至 5715.45~5716.15m 放空，钻至 5732.95m 发生漏失，强钻至 6001.76m 完钻，2008 年 3 月换抽稠泵（CYB-70/44TH/1200m），初期间开效果较好，生产层段位于较低部位。此次安排监测井 11口，分别是 S80、TK667、TK635H、TK626、TK663、T606、TK611、TK625、TK711、TK744、TK747。

一次示踪剂测试，时间是 2009 年 7 月 17 日，第一次判断与 S80、TK626、TK663、T606、TK611、TK747 连通，其连通程度大小次序是：TK747、S80、TK611、TK626、T606、TK663。

本次检测情况如表 7-10 所示。

表 7-10　TK636H 井组示踪剂监测情况

注水井	生产井	背景浓度/cd	突破时间	突破浓度/cd	峰值时间	峰值浓度/cd	井距/m	推进速度/（m/d）	回采率/%	劈分系数
TK636H	S80	140.2	2009 年 7 月 31 日	935.7	2009 年 7 月 29 日	336.8	691	57.6	0.0084	0.132
	TK626	110.3	2009 年 10 月 7 日	848.9	2009 年 9 月 12 日	231.7	2660	46.7	0.0061	0.096
	TK663	86.5	2009 年 12 月 31 日	575.6	2009 年 12 月 6 日	326.8	1171	8.25	0.0041	0.065
	T606	84.8	2009 年 9 月 6 日	346.9	2009 年 8 月 9 日	269.7	3376	146.8	0.0059	0.093
	TK611	103.2	2009 年 7 月 31 日	780.5	2009 年 7 月 28 日	244.5	1630	148.3	0.0066	0.104
	TK747	144.7	2009 年 8 月 5 日	895.9	2009 年 8 月 3 日	374.1	1191	70.1	0.0132	0.209

连通情况如图 7-19 所示。

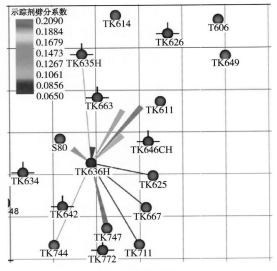

图 7-19　TK636H 井组示踪剂测试连通图

6 口连通井的示踪剂浓度曲线如图 7-20~图 7-25 所示。

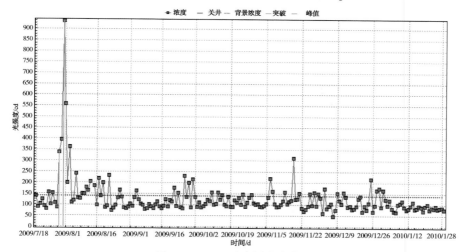

图 7-20 S80 示踪剂浓度曲线

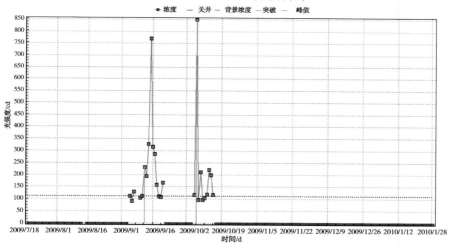

图 7-21 TK626 示踪剂浓度曲线

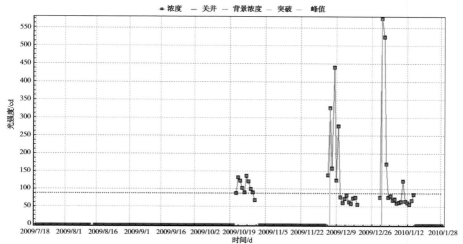

图 7-22 TK663 示踪剂浓度曲线

7 缝洞单元井间连通程度应用实例

117

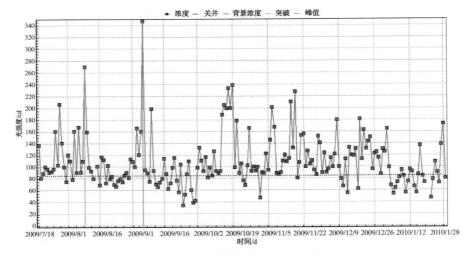

图 7-23   T606 示踪剂浓度曲线

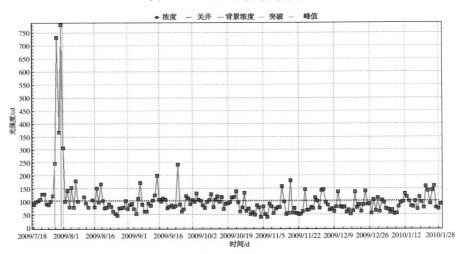

图 7-24   TK611 示踪剂浓度曲线

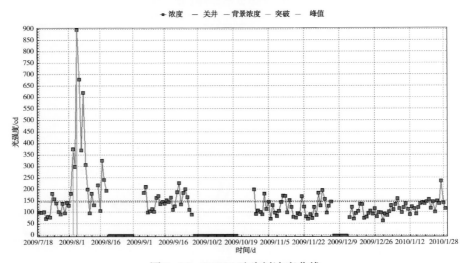

图 7-25   TK747 示踪剂浓度曲线

2）连通程度评价情况

基于机器学习的定量评价方法周围参与计算的生产井有 TK635H、TK663、TK626、T606、TK611、TK625、TK667、TK711、TK747、TK744、S80 共 11 口，其中 TK635H、TK744 因关井无法计算，TK625、TK667、TK711 判断不连通。评价结果：6 口井均连通，其中 TK747 与注水井连通性最好，剩余的井从大到小顺序为 TK663>TK626>T606>TK611>S80，且它们的连通程度相差不大（见表 7-11）。

表 7-11   TK636H 井组连通情况

生产井名	综合连通系数	波动程度	最大波动	连通模式	无因次控制体积	井距/m	井点处储集体类型
TK611	0.097	0.94	50.06	0	0.485	1630	缝洞型
TK747	0.104	0.82	15.00	1	0.023	1191	缝洞型
T606	0.110	0.95	61.07	0	0.213	3376	洞缝型
S80	0.119	0.55	43.05	0	0.049	691	缝洞型
TK626	0.121	1.60	6.99	0	0.220	2660	缝洞型
TK663	0.248	2.00	41.22	2	0.001	1171	裂缝型

3）对比分析

示踪剂测试了 TK635H、TK663、TK626、T606、TK611、TK625、TK667、TK711、TK747、TK744、S80 共 11 口井，有 6 口井连通，连通程度大小为：TK747 最好为 20.9%，S80 次之为 13.2%，然后依次为 TK611 为 10.4%，TK626 为 9.6%，T606 为 9.3%，TK663 为 6.5% 最弱。基于模糊综合评判的定量评价结果从大到小为 TK663>TK626>S80>T606>TK747>TK611。其中 TK663 和 TK747 井数据点较少，导致计算结果有一定误差（见表 7-12）。

表 7-12   TK636H 结果对比分析表

井　名	示踪剂测试（劈分系数）	定量评价	备　注
TK611	10.4%	9.7%	一致
TK747	20.9%	10.5%	数据点少不可靠
T606	9.3%	11%	一致
S80	13.2%	12%	一致
TK626	9.6%	12.1%	一致
TK663	6.5%	24.8%	数据点少不可靠
劈分水量井数	共 6 口井	共 6 口井	—

7.1.4   TK663 井组

1）示踪剂测试情况

TK663 井位于塔河油田牧场北 2 号构造高点上，属于 T606 单元，该单元构造位

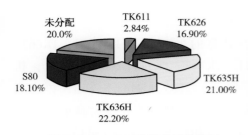

图 7-26　TK663 井组水量分配图

于塔河油田六区东北部，注采井生产层为奥陶系 O1-2y。TK663 注水井周围有油井 5 口：S80、TK611、TK614、TK626，TK635H。TK636H 区域构造图如图 7-26 所示，单元内的储集体是溶洞、缝洞发育的油藏，单元的油井天然能量充足，TK611、TK614 的累计产量都很高，且仍处于低含水采油期。

TK663H 自 2007 年 7 月以来含水上升至 95% 以上。

两次示踪剂测试时间是 2007 年 7 月 16 日和 2008 年 5 月 11 日，第一次判断与 TK635H、TK611、S80、TK636H、TK626 连通，其连通程度大小次序是：TK636H、TK635H、S80、TK626、TK611。

本次检测情况如表 7-13 所示。

表 7-13　TK663 井组示踪剂监测情况

注水井	生产井	背景浓度/cd	突破时间	突破浓度/cd	峰值时间	峰值浓度/cd	井距/m	推进速度/(m/d)	回采率/%	劈分系数
TK663	TK611	302.3	2007 年 8 月 15 日	302.3	2007 年 8 月 16 日	470.9	1094	36.5	0.0051	0.028
	TK635H	387.7	2007 年 7 月 18 日	387.7	2007 年 7 月 28 日	1867.1	812	406.1	0.0379	0.210
	TK636H	286.7	2007 年 7 月 22 日	858.6	2007 年 7 月 27 日	1453.6	1171	195.3	0.0382	0.222
	TK626	271.8	2007 年 8 月 2 日	271.8	2007 年 8 月 4 日	439.9	1668	98.1	0.0306	0.169
	S80	351.5	2007 年 7 月 17 日	351.5	2007 年 7 月 18 日	979.1	982	982.8	0.0326	0.181

连通情况如图 7-27 所示。

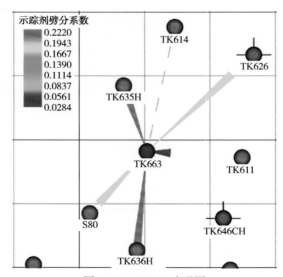

图 7-27　TK663 连通图

5 口连通井的示踪剂浓度曲线如图 7-28~图 7-32 所示。

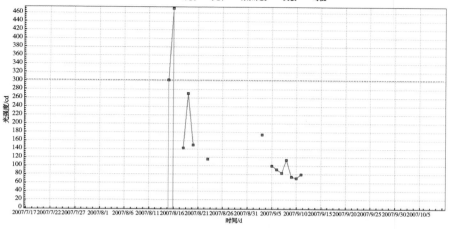

图 7-28　TK611 示踪剂浓度曲线

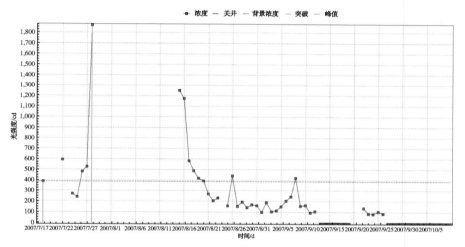

图 7-29　TK635H 示踪剂浓度曲线

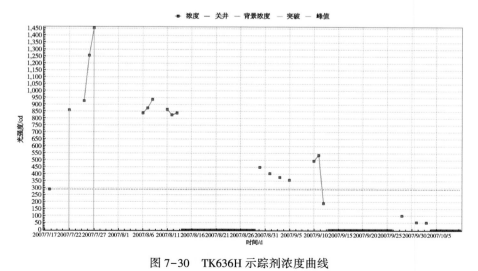

图 7-30　TK636H 示踪剂浓度曲线

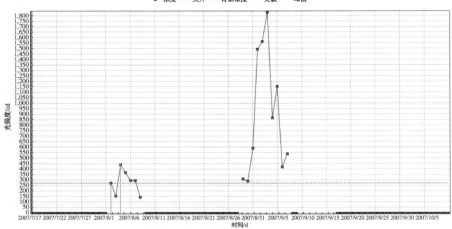

图 7-31　TK626 示踪剂浓度曲线

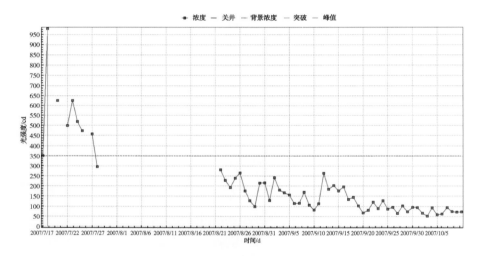

图 7-32　S80 示踪剂浓度曲线

第二次判断与 S80、TK611、TK636H、TK608、TK626 连通，连通程度大小次序是 S80、TK626、TK611、TK636H(见图 7-33)。

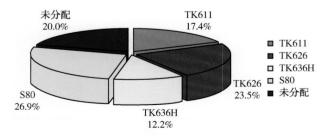

图 7-33　TK663 井组水量分配图

本次检测情况如表 7-14 所示。

表 7-14　TK663 井组示踪剂监测情况

注水井	生产井	背景浓度/cd	突破时间	突破浓度/cd	峰值时间	峰值浓度/cd	井距/m	推进速度/（m/d）	回采率/%	劈分系数
TK663	TK611	72.2	2008 年 5 月 16 日	125.2	2008 年 5 月 19 日	329.7	1094	218.9	0.0042	0.174
	TK626	47.9	2008 年 5 月 18 日	281.9	2008 年 5 月 18 日	281.9	1668	238.3	0.0057	0.235
	TK636H	50.7	2008 年 5 月 19 日	224.0	2008 年 5 月 19 日	224.0	1171	146.5	0.0029	0.122
	S80	212.2	2008 年 5 月 16 日	554.6	2008 月 5 年 17 日	715.6	982	196.6	0.0065	0.269

连通情况如图 7-34 所示。

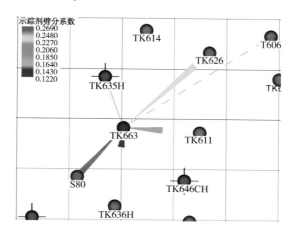

图 7-34　TK663 井组示踪剂测试连通图

4 口连通井的示踪剂浓度曲线如图 7-35～图 7-38 所示。

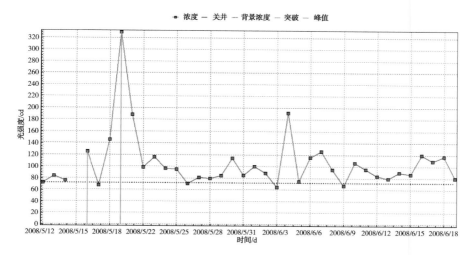

图 7-35　TK611 示踪剂浓度曲线

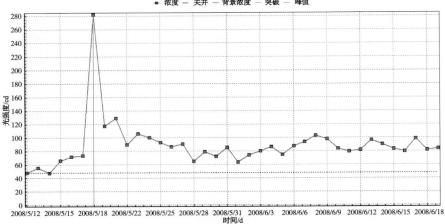

图 7-36　TK626 示踪剂浓度曲线

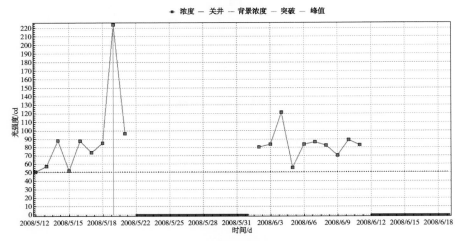

图 7-37　TK636H 示踪剂浓度曲线

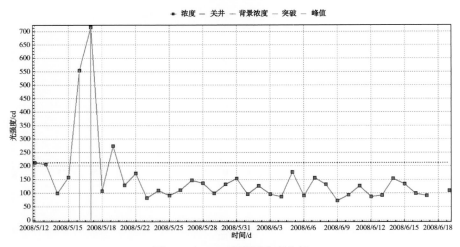

图 7-38　S80 示踪剂浓度曲线

2）连通程度评价情况

第一次注水，基于模糊综合评判法的定量评价方法周围参与计算的生产井有TK611、TK635H、TK636H、TK626、S80、TK614共6口，其中T606因为无水无法计算。评价结果：5口井均连通，其中TK636H、TK626、S80和TK635H连通性较好，处于同一水平；TK611连通性较弱（见表7-15）。

表7-15　TK663井组连通情况

生产井名	综合连通系数	波动程度	最大波动	连通模式	无因次控制体积	井距/m	井点处储集体类型
TK611	0.04	0.44	39.63	1	0.446	1094	缝洞型
TK626	0.155	1.87	92.05	1	0.176	1668	缝洞型
TK635H	0.191	0.79	53.85	0	0.102	812	洞缝型
S80	0.206	1.63	45.62	0	0.115	982	缝洞型
TK636H	0.208	2.00	51.01	0	0.161	1171	洞缝型

第二次注水，基于模糊综合评判法的定量评价方法周围有生产井TK611、TK626、TK636H、S80、T606、TK635H共6口，其中TK635H因关井无法计算，T606井因无水无法计算。评价结果：4口井均连通，其中S80和TK636H连通性处于同一级别且与注水井连通性最好；TK626连通性较差；TK611连通性最弱（见表7-16）。

表7-16　TK663井组连通情况

生产井名	综合连通系数	波动程度	最大波动	连通模式	无因次控制体积	井距/m	井点处储集体类型
TK611	0.067	0.48	35.07	1	0.503	1094	缝洞型
TK626	0.106	0.57	24.17	1	0.183	1668	缝洞型
TK636H	0.3	2.02	17.63	0	0.188	1171	洞缝型
S80	0.328	1.53	82.46	0	0.135	982	缝洞型

3）对比分析

第一个时间段示踪剂测试了TK614、TK626、TK611、TK636H、S80、TK635H共6口井，其中5口井判断连通，TK611井连通程度最弱，其余井连通程度处于同一水平。基于模糊综合评判法的定量评价结果从大到小为TK636H>S80>TK635H>TK626>TK611，其中，除了TK611连通程度最弱，其余井连通程度差距不大，连通程度可看作同一水平。示踪剂测试判断连通的5口井连通程度大小顺序与定量评价的井组连通程度大小顺序基本一致（见表7-17）。

第二个时间段示踪剂测试了TK635H、TK626、T606、TK611、TK636H、S80共6口井，其中4口井判断连通，连通程度大小顺序是S80>TK626>TK611>TK636H，

S80 是 26.9%，TK626 是 23.5%，TK611 是 17.4%，TK636H 是 12.2%。基于模糊综合评判法的定量评价有 4 口连通井，连通程度大小顺序为 S80>TK636H>TK626>TK611，S80 是 26.7%，TK636H 是 35.1%，TK626 是 9.9%，TK611 是 8.3%；与示踪剂测试结果有一口井顺序不一致，该井为 TK636H，原因是 TK636H 由于工作制度导致数据点过少，所以计算会存在误差。除 TK636H 外，示踪剂测试判断连通的 3 口井连通程度大小顺序与基于机器学习的定量评价的井组连通程度顺序基本一致（见表 7-18）。

表 7-17　TK663 结果对比分析表 1

井名	示踪剂测试（劈分系数）	定量评价	备注
TK611	2.8%	4.1%	一致
TK626	16.9%	15.5%	一致
TK635H	21%	19.1%	一致
S80	18.1%	20.6%	一致
TK636H	22.2%	20.8%	一致
劈分水量井数	共 5 口井	共 5 口井	—

表 7-18　TK663 结果对比分析表 2

井名	示踪剂测试（劈分系数）	定量评价	备注
TK611	17.4%	6.7%	一致
TK626	23.5%	10.6%	一致
TK636H	12.2%	30%	数据点过少，不一致
S80	26.9%	32.8%	一致
劈分水量井数	共 4 口井	共 4 口井	—

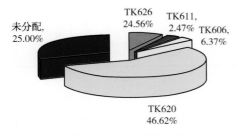

图 7-39　TK663 井水量分配图

7.1.5　TK664 井组

1）示踪剂测试情况

TK664 井位于塔河油田牧场北 7 号构造 TK630 单元（见图 7-39），生产层位 O1-2y，TK664 注水井周围有油井 6 口——TK614、TK611、T606、TK626、TK630 和 TK620，区域内属于缝洞较发育的地质储集体，其中 TK614 和 TK630 仍处于无水采油，TK611、TK614 和 TK664 都在钻井过程中有放空或泥浆漏失现象。

一次示踪剂测试：时间是 2010 年 6 月 4 日，第一次判断与 T606、TK620、TK626、TK611 连通，连通大小顺序为 TK620>TK626>T606>TK611。

本次检测情况如表 7-19 所示。

表 7-19　　TK664 井组示踪剂监测情况

注水井	生产井	背景浓度/cd	突破时间	突破浓度/cd	峰值时间	峰值浓度/cd	井距/m	推进速度/(m/d)	回采率/%	劈分系数
TK664	T606	170.5	2007 年 6 月 27 日	1085.7	2007 年 6 月 11 日	890.1	1724	246.3	0.0020	0.064
	TK620	306.7	2007 年 6 月 19 日	1819.3	2007 年 6 月 10 日	518.9	2566	427.8	0.0020	0.466
	TK626	325.6	2007 年 7 月 6 日	1467.5	2007 年 6 月 23 日	512.7	1217	64.1	0.0020	0.246
	TK611	302.3	2007 年 8 月 17 日	537.2	2007 年 8 月 15 日	302.3	2285	31.8	0.0020	0.025

连通情况如图 7-40 所示。

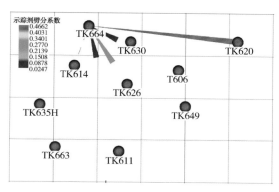

图 7-40　　TK664 井组示踪剂测试连通图

4 口井的示踪剂浓度曲线图如图 7-41~图 7-44 所示。

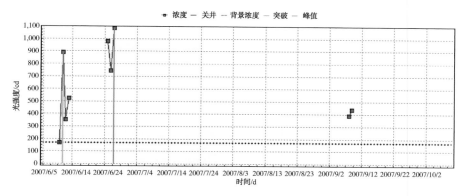

图 7-41　　T606 井示踪剂浓度曲线图

2）连通程度评价情况

基于模糊综合评判法的定量评价方法周围参与计算的生产井有 TK614、TK611、TK626、T606、TK620 共 5 口，其中 TK614 井因无水无法计算。评价结果：4 口井连通，T606、TK626 和 TK620 井连通性处于同一个级别且相对较强，TK611 井连通性最弱（见表 7-20）。

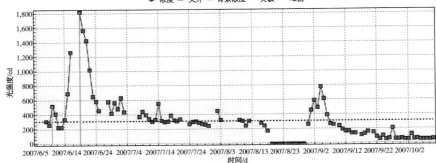

图 7-42　TK620 井示踪剂浓度曲线图

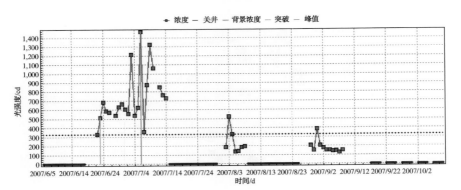

图 7-43　TK626 井示踪剂浓度曲线图

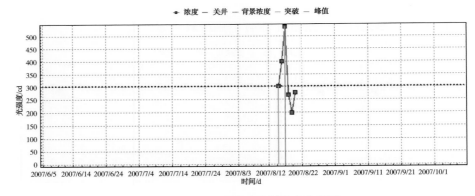

图 7-44　TK611 井示踪剂浓度曲线图

表 7-20　TK664 井组连通情况

生产井名	综合连通系数	波动程度	最大波动	连通模式	无因次控制体积	井距/m	井点处储集体类型
TK611	0.042	0.24	13.7	2	0.552	2285	缝洞型
TK620	0.221	1.32	55.18	0	0.106	2566	缝洞型
T606	0.256	1.88	65.11	0	0.205	1724	洞缝型
TK626	0.281	2.19	87.97	0	0.136	1217	缝洞型

3）对比分析

第一个时间段示踪剂测试了 TK614、TK611、TK626、T606、TK620 这 5 口井，其中 4 口井连通：TK620 为 46.62%最强，TK626 为 24.56%次之，T606 为 6.37%较弱，TK611 为 2.47%最弱。基于模糊综合评判法的定量评价有 4 口井连通，连通程度大小顺序为 TK626>T606>TK620>TK611，前 3 口井处于同一级别连通程度，TK611 连通程度较差，T606 由于关停井导致数据点较少，计算存在误差，和示踪剂结果不一致，其余井顺序与示踪剂测试结果基本一致（见表 7-21）。

表 7-21　TK664 结果对比分析表

井　名	示踪剂测试(劈分系数)	基于机器学习的定量评价	备　注
TK611	2.47%	4.2%	一致
TK620	46.62%	22.1%	一致
T606	6.37%	25.6%	数据点少，不一致
TK626	24.5%	28.1%	一致
劈分水量井数	共 4 口井	共 4 口井	—

7.1.6　S80 单元连通性总结

综合 S80 单元的 4 个井组（TK634、TK636H、TK664 和 TK663）定量评价结果：与示踪剂吻合的井有 26 口，全部井有 31 口，缺数据的井有 4 口。

去除缺数据的井的综合匹配度是 26/27＝96.3%。根据匹配度可知，基于静动态的模糊综合评判法的定量连通分析方法，可以通过提取注水阶段各类动态生产数据特征和静态地质数据特征，使用模糊综合评判法计算出每口井与注水井的连通大小。该定量连通分析方法能够比较准确地反演出井间连通系数，但该算法对于个别频繁关停井导致数据缺失严重的井和高含水的井，存在判断不够准确的问题。

7.2　S74 单元井间连通程度应用实例

7.2.1　S74 井组

1）示踪剂测试情况

S74 单元位于塔河油田牧场北 2 号构造高点上，单元构造位于塔河油田六区东北部，注采井生产层为奥陶系 O1-2y。S74 井注水单元周围有油井 6 口——TK608、TK605CH、TK609、TK612、TK629 和 TK652，区域构造图如图 7-45 所示。单元内

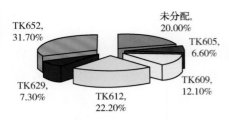

图 7-45　S74 单元注水分配图

的油井在钻探过程中都有不同程度的放空现象，说明单元内的储集体是溶洞、缝洞发育的油藏，单元的油井天然能量充足。S74 井自 2006 年 5 月含水上升至 2006 年 12 月 18 日后高含水关井。

只做了一次示踪剂测试，时间是 2007 年 1 月 25 日，测试判断 TK609、TK612、TK652、TK605CH、TK629 连通，其中 TK652 连通性最强，TK612 连通性次之，TK605CH 和 TK629 连通性最差。TK609 距离最远，达到 2400m。

本次检测情况如表 7-22 所示。

表 7-22　S74 井组示踪剂监测情况

注水井	生产井	背景浓度/cd	突破时间/d	突破浓度/cd	峰值时间/d	峰值浓度/cd	井距/m	推进速度/(m/d)	回采率/%	劈分系数
S74	TK652	102.00	2	1369.70	3	2457.80	601.80	300.9	0.0043	0.317
	TK612	124.00	2	955.20	3	1570.60	723.33	361.67	0.0030	0.222
	TK609	70.10	3	709.10	3	709.10	2402.80	600.7	0.0016	0.121
	TK629	113.00	3	479.20	3	479.20	1393.76	464.59	0.0010	0.073
	TK605CH	211.20	2	1105.60	2	1105.60	1091.72	363.90	0.0009	0.066

连通情况如图 7-46 所示。

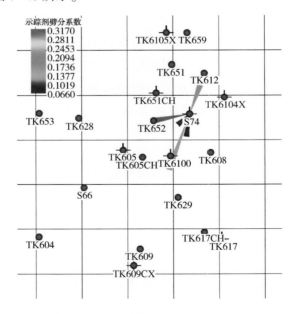

图 7-46　S74 井组示踪剂测试连通图

5 口连通井的示踪剂浓度曲线如图 7-47~图 7-51 所示。

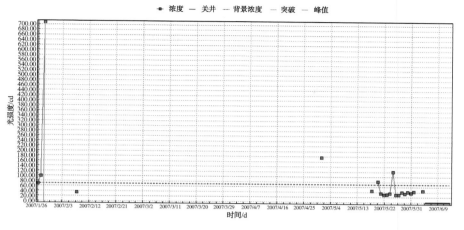

图 7-47　TK609 示踪剂浓度曲线

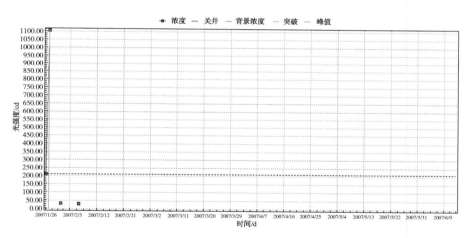

图 7-48　TK605CH 示踪剂浓度曲线

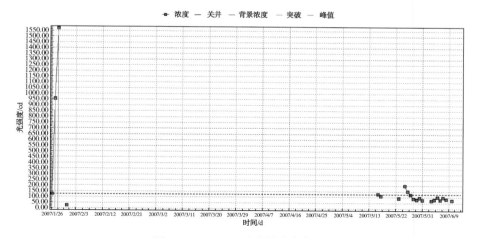

图 7-49　TK612 示踪剂浓度曲线

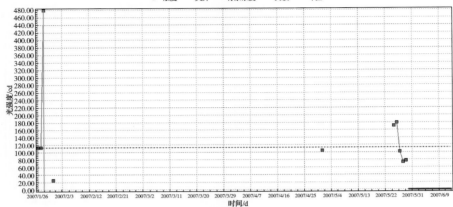

图 7-50　TK629 示踪剂浓度曲线

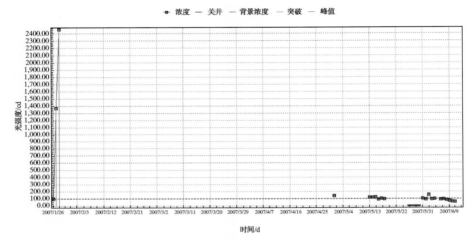

图 7-51　TK652 示踪剂浓度曲线

2）连通程度评价情况

基于模糊综合评判法周围计算连通的生产井有 TK652、TK629、TK612、TK605CH、TK609 共 5 口井（见表 7-23），其中 TK652 井与注水井连通性最好，TK629 和 TK609 连通性次之且处于同一级别；TK605CH 和 TK612 连通性均较弱，为一个级别。其中 TK659 为弱连通，TK6105X、TK6104X、TK6100 当时还未开井，TK651CH、TK605 因长期关井导致数据点过少无法评价。

3）对比分析

示踪剂测试了 5 口，连通的为 5 口井，TK652 井 32% 和 TK612 井 22% 连通性较强，TK609 井 12.1% 中等，TK629 井 7% 和 TK605CH 井 7% 最弱。基于模糊综合评判法的定量评价连通程度大小顺序为 TK652>TK629>TK609>TK605CH>TK612，TK612井顺序不一致，TK629 数据点较少，计算结果不可靠，其余井连通顺序基本是一致的(见表 7-24)。

表 7-23　S74 井组连通情况

生产 井名	综合连 通系数	波动 程度	最大 波动	连通 模式	无因次 控制体积	井距/ m	井点处储 集体类型
TK605CH	0.099	0.802	42.53	缝沟通	0.119	1061.16	洞缝型
TK612	0.099	0.955	52.82	缝沟通	0.569	723.28	缝洞型
TK609	0.123	0.837	55.36	缝沟通	0.107	2413.62	裂缝型
TK629	0.151	1.04	80.52	缝沟通	0.165	1418.64	洞缝型
TK652	0.328	1.606	55.61	缝沟通	0.04	601.71	裂缝型

表 7-24　S74 井组对比结果

井　名	示踪剂测试(劈分系数)	定量评价	备　注
TK612	22.2%	9.9%	不一致
TK605CH	6.6%	9.9%	一致
TK609	12.1%	12.3%	一致
TK629	7.3%	15.1%	数据点较少不一致
TK652	31.7%	32.8%	一致
劈分水量井数	共 5 口井	共 5 口井	—

7.2.2　TK617CH 井组

1. 示踪剂测试情况

TK617CH 井是位于牧场北 3 号构造东翼的一口开发井,于 2002 年 7 月 4 日开钻,8 月 31 日完钻,完钻井深 5847m,完钻层位 O1-2y。2002 年 7 月 4 日开始侧钻,8 月 4 日在水平钻至 5769.42m(斜深)发生泥浆漏失,强行钻进至 5773.88m 开始返浆;钻进至 5775.4m 时,井内泥浆上涌;8 月 6 日开始负压强行钻进,钻至 5793.68m 停钻,进行中途测试。该井自 8 月 4 日开始漏失至 8 月 31 日完钻,全井共漏失 3276m³。

该井组做了 3 次示踪剂测试。第一次测试时间是 2007 年 11 月 27 日,测试判断连通井 TK609、TK608,其中 TK609 连通性强于 TK608(见图 7-52)。

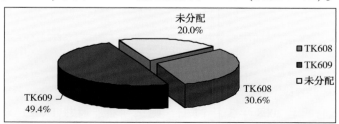

图 7-52　TK617CH 单元注水分配图 1

本次检测情况如表 7-25 所示。

表 7-25　TK617CH 井组示踪剂监测情况

注水井	生产井	背景浓度/cd	突破时间/d	突破浓度/cd	峰值时间/d	峰值浓度/cd	井距/m	推进速度/（m/d）	回采率/%	劈分系数
TK617CH	TK609	19.80	127	101.85	127	101.85	1093.48	8.61	0.0046	0.494
	TK608	26.90	127.5	39.60	128	57.60	1348.07	10.61	0.0029	0.306

连通情况如图 7-53 所示。

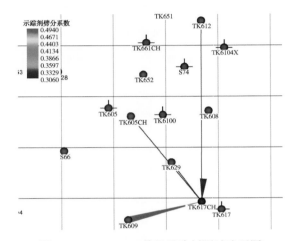

图 7-53　TK617CH 井组示踪剂测试连通图

2 口连通井的示踪剂浓度曲线如图 7-54~图 7-55 所示。

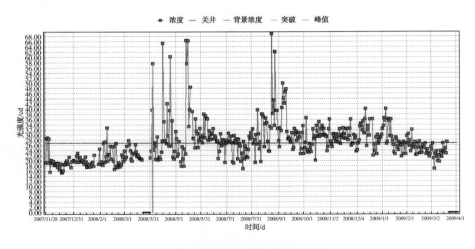

图 7-54　TK608 示踪剂浓度曲线

第二次测试时间是 2008 年 3 月 27 日，测试判断连通井 TK629、TK609、TK608，其中 TK609 连通性最强，其次是 TK608、TK629 连通性最弱（见图 7-56）。

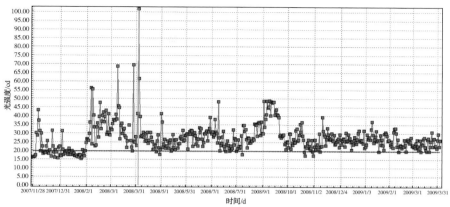

图 7-55　TK609 示踪剂浓度曲线

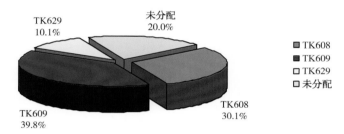

图 7-56　TK617CH 单元注水分配图 2

本次检测情况如表 7-26 所示。

表 7-26　TK617CH 井组示踪剂监测情况

注水井	生产井	背景浓度/cd	突破时间/d	突破浓度/cd	峰值时间/d	峰值浓度/cd	井距/m	推进速度/(m/d)	回采率/%	劈分系数
	TK609	67.50	8	220.33	9	391.80	1093.48	136.68	0.0085	0.398
TK617CH	TK608	31.30	8.3	92.50	12	180.60	1348.07	168.51	0.0065	0.301
	TK629	75.40	25	95.30	26	146.80	762.62	30.50	0.0022	0.101

连通情况如图 7-57 所示。

3 口连通井的示踪剂浓度曲线如图 7-58~图 7-60 所示。

第三次测试时间是 2011 年 11 月 21 日，判断判断连通井 TK629、TK605CH（见图 7-61）。

本次检测情况如表 7-27 所示。

连通情况如图 7-62 所示。

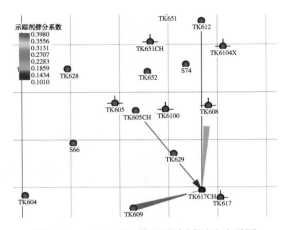

图 7-57　TK617CH 井组示踪剂测试连通图

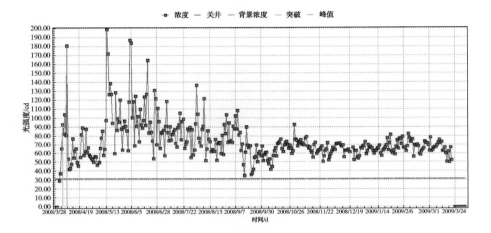

图 7-58　TK608 示踪剂浓度曲线

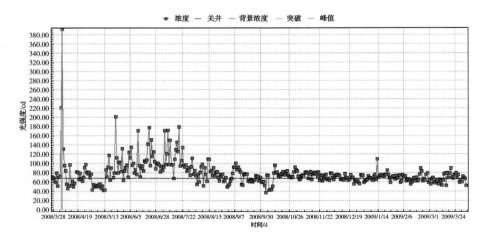

图 7-59　TK609 示踪剂浓度曲线

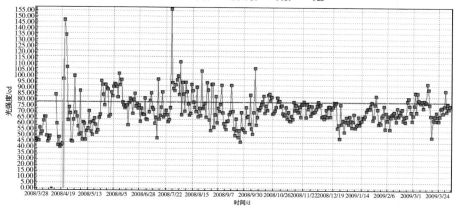

图 7-60　TK629 示踪剂浓度曲线

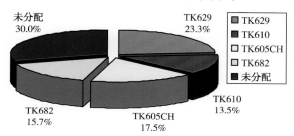

图 7-61　TK617CH 单元注水分配图 3

表 7-27　TK617CH 井组示踪剂监测情况

注水井	生产井	背景浓度/cd	突破时间/d	突破浓度/cd	峰值时间/d	峰值浓度/cd	井距/m	推进速度/(m/d)	回采率/%	劈分系数
TK617CH	TK629	15.80	25	53.20	25	53.20	762.62	30.5	0.0015	0.233
	TK605CH	27.10	15	46.30	16	66.10	1665.00	111	0.0011	0.175

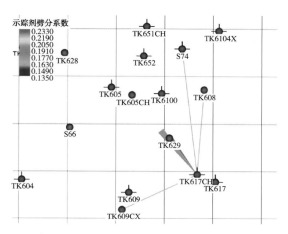

图 7-62　TK617CH 井组示踪剂测试连通图

2 口连通井的示踪剂浓度曲线如图 7-63、图 7-64 所示。

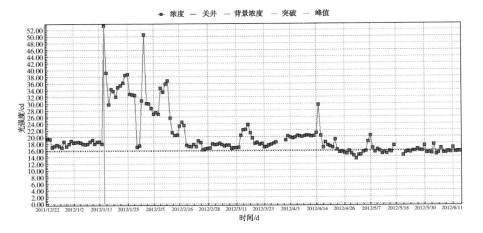

图 7-63   TK629 示踪剂浓度曲线

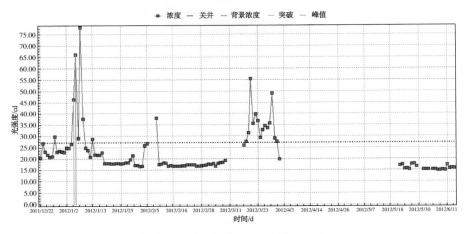

图 7-64   TK605CH 示踪剂浓度曲线

2）连通程度评价情况

第一次注水，基于模糊综合评判法周围计算连通的生产井有 TK609、TK608 共 2 口井。TK608 井在注水期间处于高含水，连通性较好，TK609 在注水期间处于高含水，连通性次之；TK608 连通性较弱（见表 7-28）。

表 7-28   TK617CH 井组模糊综合评价判断结果

生产 井名	综合连 通系数	波动 程度	最大 波动	连通 模式	无因次 控制体积	井距/m	井点处储 集体类型
TK608	0.106	0.539	31.31	缝洞复合沟通	0.758	1345.31	洞缝型
TK609	0.694	1.117	70.28	缝沟通	0.242	1092.27	裂缝型

第二次注水，基于模糊综合评判法周围计算连通的生产井有 TK629、TK609、TK608 共 3 口井，其中 TK608 与注水井连通性最好；TK609 和 TK608 连通性次之，两者连通性属于一个级别（见表 7-29）。

表 7-29　TK617CH 井组模糊综合评价判断结果

生产井名	综合连通系数	波动程度	最大波动	连通模式	无因次控制体积	井距/m	井点处储集体类型
TK609	0.214	1.921	12.59	缝沟通	0.227	1092.27	裂缝型
TK608	0.284	2.206	57.48	缝洞复合沟通	0.616	1345.31	洞缝型
TK629	0.302	1.01	27.24	缝沟通	0.158	723.68	洞缝型

第三次注水，基于模糊综合评判法周围计算连通的生产井有 TK629、TK605CH 共 2 口井，TK629 连通性最好，TK605CH 连通性相对较弱（见表 7-30）。

表 7-30　TK617CH 井组模糊综合评价判断结果

生产井名	综合连通系数	波动程度	最大波动	连通模式	无因次控制体积	井距/m	井点处储集体类型
TK605CH	0.24	1.436	66.45	缝沟通	0.825	1665.00	洞缝型
TK629	0.56	0.907	26.87	缝沟通	0.175	723.68	洞缝型

3）对比分析

第一个时间段示踪剂测试了 5 口井，连通井最远距离为 1348m，判断 2 口井连通，TK609 是 49%最强，TK608 是 31%次之。基于模糊综合评判法的定量评价连通程度大小依次为 TK609>TK608，TK609 是 69.4%，TK608 是 10.6%，顺序是一致的（见表 7-31）。

表 7-31　TK617CH 井组对比结果 1

井名	示踪剂测试（劈分系数）	定量评价	备注
TK608	30%	10.6%	一致
TK609	49%	69.4%	一致
劈分水量井数	共 2 口井	共 2 口井	—

第二个时间段示踪剂测试了 5 口井，判断 3 口井连通，TK609 井 40%和 TK608 井 30%连通性较强，TK629 较弱 10%。基于模糊综合评判法的定量评价有 3 口井连通，其中连通大小依次为 TK629>TK608>TK609，除 TK629 之外，顺序基本一致（见表 7-32）。

第三个时间段示踪剂测试了 5 口井，判断 2 口井连通，TK629 井 23%连通性最强，TK605CH 井 18%连通性次之。基于模糊综合评判法的定量评价有 2 口井连通，其中连通大小依次为 TK629>TK605CH，TK629 为 56%，TK605CH 井 24%，顺序一致（见表 7-33）。

表 7-32 TK617CH 井组对比结果 2

井 名	示踪剂测试（劈分系数）	定量评价	备 注
TK609	39.8%	21.4%	一致
TK608	30.1%	28.4%	一致
TK629	10%	30.2%	不一致
劈分水量井数	共 3 口井	共 3 口井	—

表 7-33 TK617CH 井组对比结果 3

井 名	示踪剂测试（劈分系数）	定量评价	备 注
TK605CH	17.5%	24%	一致
TK629	23.3%	56%	一致
劈分水量井数	共 2 口井	共 2 口井	—

7.2.3 TK629 井组

1）示踪剂测试情况

TK629 井位于塔河油田六区东北部，隶属于 S74 单元，位于牧场北 2 号构造高点上，生产层位 O1-2y。TK629 注水井组监测采油井 6 口：TK608、TK609、TK605CH、TK610、TK612 和 TK617CH。单元内油井的天然能量大都较大，无水开采期时间较长，初始产量高，单元内的油井在钻探过程中都有不同程度的放空现象，说明单元内的储集体是溶洞、缝洞发育的油藏。

该井组做了一次示踪剂测试，时间是 2007 年 9 月 7 日，第一次判断与 TK617CH、TK609、TK608 连通，TK609 连通性最强，TK608 连通性次之，TK617CH 连通性最差（见图 7-65）。TK612 距离最远，达到 2100m。

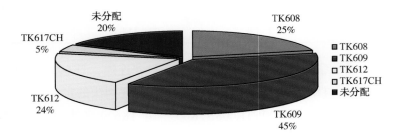

图 7-65 TK629 单元注水分配图

本次示踪剂监测情况如表 7-34 所示。

表 7-34　TK629 井组示踪剂监测情况

注水井	生产井	背景浓度/cd	突破时间/d	突破浓度/cd	峰值时间/d	峰值浓度/cd	井距/m	推进速度/(m/d)	回采率/%	劈分系数
TK629	TK609	63.10	3	588.20	9	1579.30	1070.69	356.90	0.0789	0.451
	TK608	45.60	5	293.80	5	293.80	915.40	183.08	0.0443	0.253
	TK612	67.50	4	647.10	4	647.10	2108.58	527.14	0.0425	0.242
	TK617CH	42.30	3	168.70	4	286.40	762.62	254.21	0.0094	0.054

连通情况如图 7-66 所示。

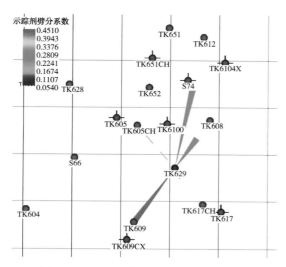

图 7-66　TK629 井组示踪剂测试连通图

4 口连通井的示踪剂浓度曲线如图 7-67~图 7-70 所示。

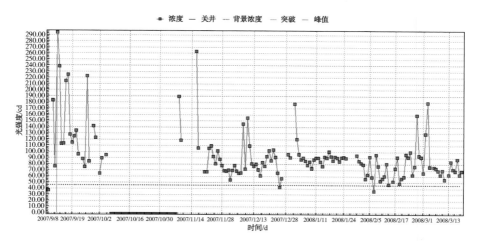

图 7-67　TK608 示踪剂浓度曲线

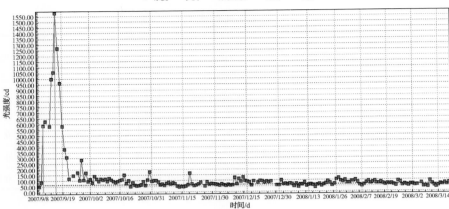

图 7-68　TK609 示踪剂浓度曲线

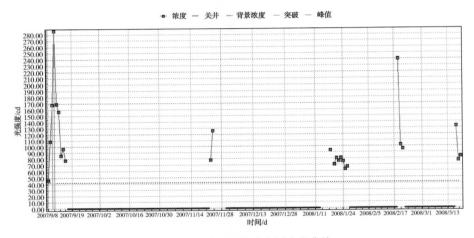

图 7-69　TK617CH 示踪剂浓度曲线

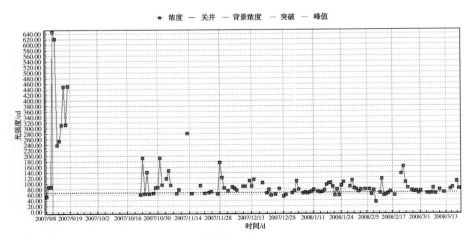

图 7-70　TK612 示踪剂浓度曲线

2）连通程度评价情况

基于模糊综合评判法周围计算连通的生产井有 TK617CH、TK612、TK609 和 TK608 共 4 口井，其中 TK617CH 与注水井连通性最好，TK608 连通性次之，TK609 连通性较弱，TK612 连通性最弱（见表 7-35）。

表 7-35　TK629 井组模糊综合评价判断结果

生产井名	综合连通系数	波动程度	最大波动	连通模式	无因次控制体积	井距/m	井点处储集体类型
TK612	0.096	1.092	60.91	缝沟通	0.485	2131.96	缝洞型
TK609	0.153	1.039	64.78	缝沟通	0.2	1067.96	裂缝型
TK608	0.213	1.801	51.91	缝沟通	0.23	927.51	洞缝型
TK617CH	0.338	2	14.33	洞沟通	0.085	723.68	裂缝型

3）对比分析

这个时间段示踪剂测试了 5 口井，4 口连通，连通井最远距离为 2100m，TK609 井 45% 连通性最强，TK608 井 25% 次之，TK612 井 24%，TK617CH 井 5% 最弱。基于模糊综合评判法的定量评价连通程度依次为：TK617CH 井 33.8% 连通性最强，TK608 和 TK609 处于同一连通级别且连通性较弱，TK612 连通性最弱，其中 TK617CH、TK608、TK612 连通评价因数据点较少，计算结果有较大误差（见表 7-36）。

表 7-36　TK629 井组对比结果

井　名	示踪剂测试（劈分系数）	定量评价	备　注
TK609	45%	15.3%	不一致
TK612	24%	9.6%	数据点少不一致
TK608	25%	21.3%	一致
TK617CH	5%	33.8%	数据点少不一致
劈分水量井数	共 4 口井	共 4 口井	——

7.2.4　TK652 井组

1）示踪剂测试情况

TK652 井位于牧场北 2 号构造西北部，单元内部分油井钻遇放空或有泥浆漏失，可以认为缝洞是主要的储集体。

该井组做了一次示踪剂测试，在 2010 年 9 月 1 日，示踪剂判断 S66、TK629、TK628、TK627H、TK612、TK608、TK604 连通。连通程度顺序依次为 TK608、TK628、TK629、TK604、S66、TK612、TK627H（见图 7-71）。其中 TK627H 距离最远，达到 2800m。

本次监测情况如表 7-37 所示。

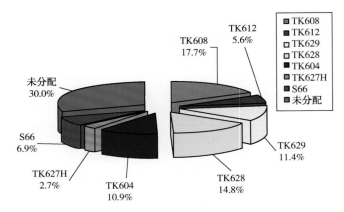

图 7-71　TK652 单元注水分配图

表 7-37　TK652 井组示踪剂监测情况

注水井	生产井	背景浓度/cd	突破时间/d	突破浓度/cd	峰值时间/d	峰值浓度/cd	井距/m	推进速度/(m/d)	回采率/%	劈分系数
TK652	TK608	36.70	48	586.40	172	663.40	1074.76	22.39	0.0029	0.177
	TK628	36.50	9	88.00	72	179.80	1226.83	136.31	0.0024	0.148
	TK629	26.80	25	698.80	183	831.80	1320.94	52.84	0.0019	0.114
	TK604	38.20	54	390.70	160	393.60	2712.94	50.24	0.0018	0.109
	S66	27.50	36	217.50	42	217.50	1603.06	44.53	0.0011	0.069
	TK612	45.00	29	380.20	233	688.50	1151.11	39.69	0.0009	0.056
	TK627H	36.10	84	322.40	151	322.40	2860.06	34.05	0.0004	0.027

连通情况如图 7-72 所示。

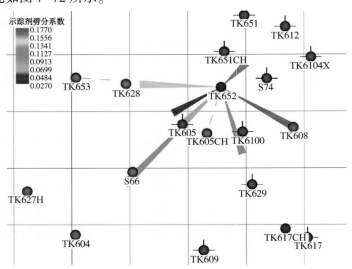

图 7-72　TK652 井组示踪剂测试连通图

7 口连通井的示踪剂浓度曲线如图 7-73～图 7-79 所示。

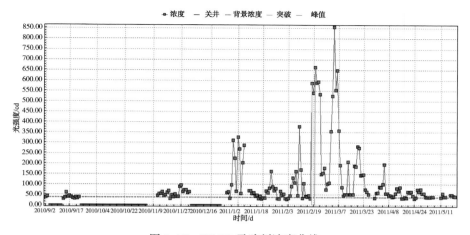

图 7-73　TK608 示踪剂浓度曲线

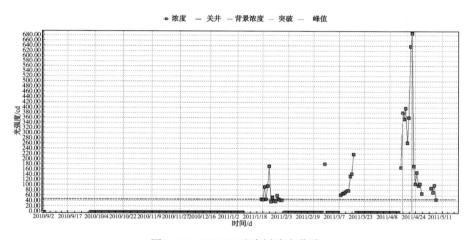

图 7-74　TK612 示踪剂浓度曲线

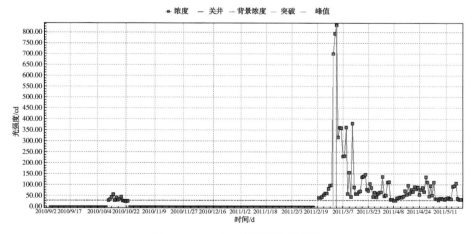

图 7-75　TK629 示踪剂浓度曲线

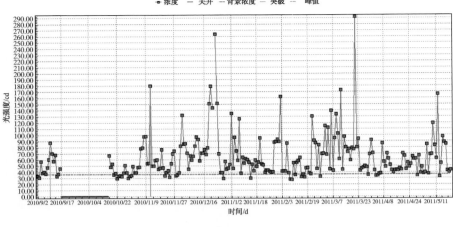

图 7-76　TK628 示踪剂浓度曲线

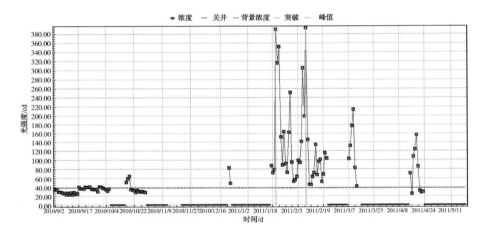

图 7-77　TK604 示踪剂浓度曲线

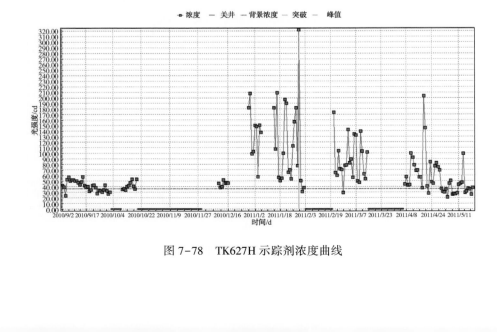

图 7-78　TK627H 示踪剂浓度曲线

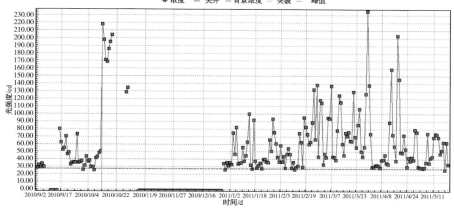

图7-79　S66示踪剂浓度曲线

2）连通程度评价情况

基于模糊综合评判法周围计算连通的生产井有S66、TK629、TK628、TK627H、TK612、TK608、TK604共7口井，TK629、TK604、TK608、TK629连通性处于同一级别且较强，TK628、S66和TK612连通性最弱，且处于同一级别（见表7-38）。

表7-38　TK652井组模糊综合评价判断结果

生产井名	综合连通系数	波动程度	最大波动	连通模式	无因次控制体积	井距/m	井点处储集体类型
S66	0.079	1.016	28.58	缝沟通	0.0869	1602.97	洞缝型
TK612	0.081	2	数据点过少	洞沟通	0.273	1151.04	缝洞型
TK628	0.087	1.215	31.50	缝沟通	0.0869	1226.89	洞缝型
TK627H	0.123	1.796	18.55	缝沟通	0.0856	2860.02	缝洞型
TK608	0.126	2	37.49	缝沟通	0.0869	1074.89	洞缝型
TK604	0.141	1.346	59.4	缝沟通	0.0564	2712.84	缝洞型
TK629	0.163	1.968	73.24	缝沟通	0.0876	1352.29	洞缝型

3）对比分析

示踪剂测试时间与第二段注水时间相近，示踪剂测了9口，判断7口井连通，连通井最远距离2800m，其中TK608井17.7%和TK628井14.8%连通性较强，TK629井11.4%和TK604井10.9%连通性次之，S66井6.9%、TK612井5.6%和TK627H井2.7%连通性较差。基于模糊综合评判法的定量评价连通程度依次为：TK629、TK604、TK608、TK629连通性处于同一级别且较强，TK628、S66和TK612连通性最弱，且处于同一级别（见表7-39）。其中大部分连通井数据点过少，导致计算的准确度大大降低，影响评价结果。

表 7-39　TK652 井组对比结果

井　名	示踪剂测试(劈分系数)	定量评价	备　注
S66	6.9%	7.9%	一致
TK612	5.6%	8.1%	一致
TK628	14.8%	8.7%	一致
TK627H	2.7%	12.3%	不一致(数据点少)
TK608	17.7%	12.6%	一致
TK604	10.9%	14.1%	一致
TK629	11.4%	16.3%	一致
劈分水量井数	共 7 口井	共 7 口井	—

7.2.5　S74 单元连通性总结

综合 S74 单元的 4 个井组(TK626、TK617CH、TK629 和 TK652)定量评价结果:与示踪剂吻合的井有 16 口,全部井有 23 口,缺少大量数据的井有 4 口,去除缺数据的井对综合匹配度为 16/19 = 84.2%。

根据匹配度可知,基于静动态的模糊综合评判法的定量连通分析方法,可以通过提取注水阶段各类动态生产数据特征和静态地质数据特征,使用模糊综合评判法计算出每口井与注水井的连通大小。该定量连通分析方法能够比较准确地反演出井间连通系数。S74 单元所有计算结果与示踪剂结果不一致的连通井都是由于数据点较少导致算法结果误差较大,所以该算法对于个别频繁关停导致数据缺失严重的井和高含水的井,存在判断不够准确的问题。

7.3　S67 单元井间连通程度应用实例

7.3.1　TK603CH 井组

1)示踪剂测试情况

S67 单元位于塔河油田六区东南部,是塔河油田六区主产缝洞单元之一,构造位于阿克库勒凸起北部斜坡上的局部残丘牧场北 2 号构造。TK603CH 井是该单元的一口油井,缝洞单元如图 7-80 所示。该井在钻井时钻至 5878m 时发生严重漏失,漏失厚度 3m,后强钻至 5915.0m 完钻。2005 年 12 月常规完井投产,生产层位 O1-2y,已累计产油 13611t,产水 12905m^3。

该井组只做了一次示踪剂测试,时间是 2008 年 11 月 9 日,判断与 TK666、TK602、S67 和 TK643 连通。

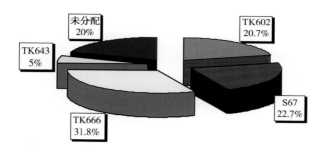

图 7-80　TK603CH 井组水量分配图

本次监测情况如表 7-40 所示。

表 7-40　TK603CH 井组示踪剂监测情况

注水井	生产井	背景浓度/cd	突破时间/d	突破浓度/cd	峰值时间/d	峰值浓度/cd	井距/m	推进速度/(m/d)	回采率/%	劈分系数
TK626	TK602	90.10	5	160.4	6	188.77	1455.13	291.0	0.0066	0.207
	S67	70.60	4	147.7	5	155.23	518.0	129.5	0.0085	0.227
	TK666	48.60	43	100.3	230	156.80	2245.8	52.2	0.0101	0.318
	TK643	62.60	3	89.4	21	112.40	1087.3	362.4	0.0024	0.05

连通情况如图 7-81 所示。

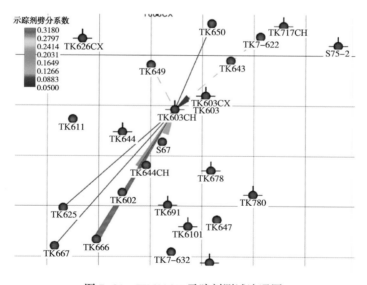

图 7-81　TK603CH 示踪剂测试连通图

4 口连通井的示踪剂浓度曲线如图 7-82~图 7-85 所示。

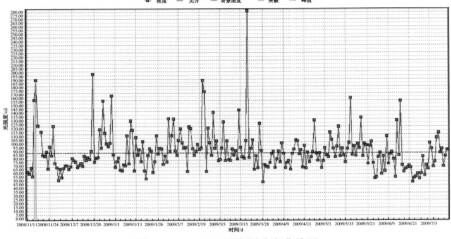

图 7-82　TK602 示踪剂浓度曲线图

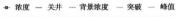

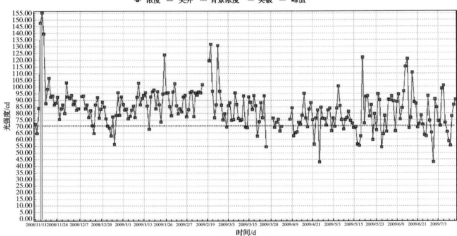

图 7-83　S67 示踪剂浓度曲线图

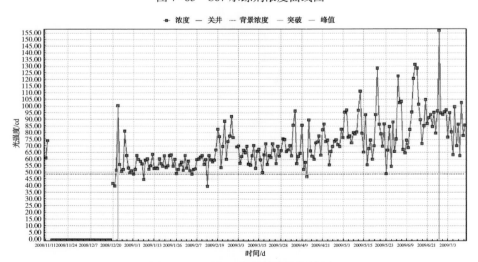

图 7-84　TK666 示踪剂浓度曲线图

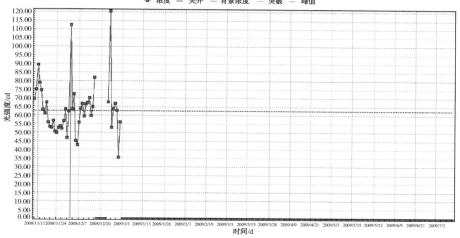

图 7-85　TK643 示踪剂浓度曲线图

2）连通程度评价情况

基于模糊综合评判法周围计算连通的生产井有 TK643、S67、TK602、TK666 共4 口井，TK643 连通性最强为 30.1%；TK666、TK602 连通程度处于同一级别分别为22.9%、16.6%；S67 连通程度稍弱为 10.4%（见表 7-41）。

表 7-41　TK603CH 井组连通情况

生产井名	综合连通系数	波动程度	最大波动	连通模式	无因次控制体积	井距/m	井点处储集体类型
S67	0.104	0.726	28.20	缝洞复合沟通	0.357	518.02	洞缝型
TK666	0.166	0.749	20.99	缝沟通	0.077	2245.83	裂缝型
TK602	0.229	1.424	65.34	缝沟通	0.523	1455.13	缝洞型
TK643	0.301	1.085	72.39	缝沟通	0.043	1087.33	缝洞型

3）对比分析

这个时间段示踪剂测试了 9 口，4 口连通，TK666 井 31.8% 连通性最强，S67 井22.7% 次之，TK602 井 20.7%，TK643 井 5% 最弱。基于模糊综合评判法周围计算连通的生产井有 TK643、S67、TK602、TK666 共 4 口井，TK643 连通性最强为 30.1%，TK666、TK602 连通程度处于同一级别；分别为 22.9%、16.6%；S67 连通程度稍弱为 10.4%。其中，TK643 由于数据点过少计算结果与示踪剂结果有较大误差，不一致（见表 7-42）。

表 7-42　TK603CH 结果对比分析表

井　名	示踪剂测试（劈分系数）	定量评价	备　注
TK643	5%	30.1%	数据点少不一致
S67	22.7%	10.4%	一致
TK602	20.7%	22.9%	一致
TK666	31.8%	16.6%	一致
劈分水量井数	共 4 口井	共 4 口井	—

7.3.2 TK620 井组

1）示踪剂测试情况

TK620 单元位于塔河油田六区东部，单元内缝洞发育段均在风化壳以下 0~60m 范围内，缝洞是主要的储集体，该井钻至井深 5488.61~5511.07m 时发生放空、漏失，共漏失泥浆 219m³，2009 年 2 月回采奥陶系扫塞到 5498.3m。该井已累计采液 12.9499×10⁴t，采油 7.1031×10⁴t。此次安排的监测油井 6 口分别是 TK650、TK7-622、TK717CH、TK7-619CH、TK603CH、TK610。

该井组只做了一次示踪剂测试，时间是 2011 年 1 月 13 日，判断与 TK650、TK7-622 和 TK603CH、TK610、TK717CH 连通，主要流通通道是 TK7-622、TK717CH，其次是 TK610、TK650，最后为 TK603CH（见图 7-86）。

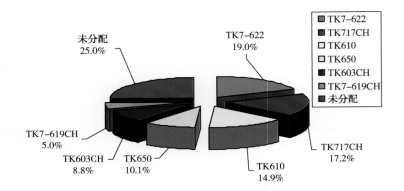

图 7-86　TK620 井组水量分配图

本次监测情况如表 7-43 所示。

表 7-43　TK620 井组示踪剂监测情况

注水井	生产井	背景浓度/cd	突破时间/d	突破浓度/cd	峰值时间/d	峰值浓度/cd	井距/m	推进速度/(m/d)	回采率/%	劈分系数
TK620	TK650	36.8	54	186.5	55	318.9	533.6	9.7	0.0007	0.101
	TK7-622	225.2	15	825.9	17	984.0	1008.1	67.2	0.0013	0.190
	TK603CH	97.10	10	495.2	10	495.2	1890.4	189.0	0.0006	0.088
	TK610	67.8	8	202.7	13	333.6	1454.9	181.9	0.0010	0.149
	TK717CH	204.10	34	440.0	62	566.4	1179.0	33.7	0.0011	0.172

连通情况如图 7-87 所示。

5 口连通井的示踪剂浓度曲线如图 7-88~图 7-92 所示。

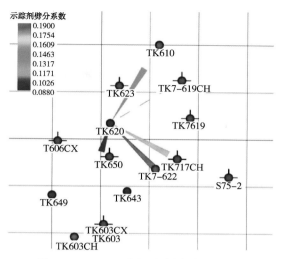

图 7-87　TK620 井组示踪剂测试连通图

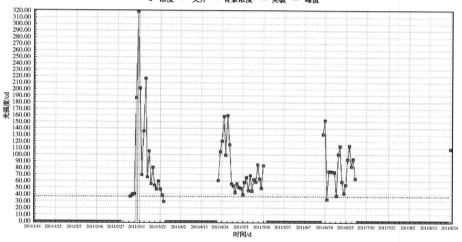

图 7-88　TK650 示踪剂浓度曲线

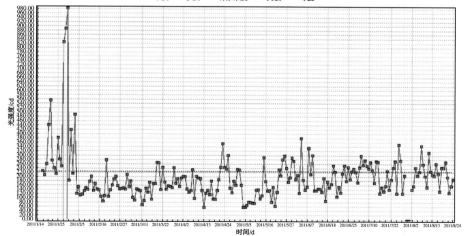

图 7-89　TK7-622 示踪剂浓度曲线

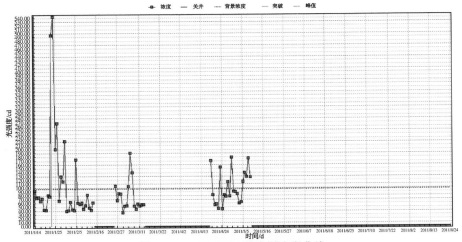

图 7-90　TK603CH 示踪剂浓度曲线

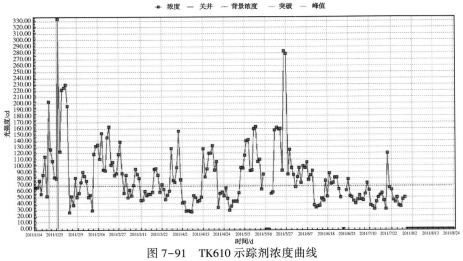

图 7-91　TK610 示踪剂浓度曲线

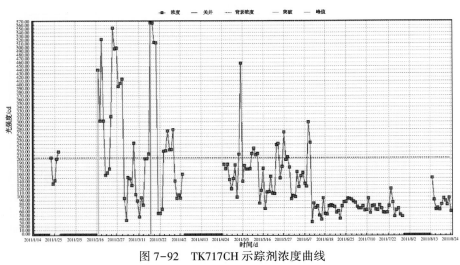

图 7-92　TK717CH 示踪剂浓度曲线

2) 连通程度评价情况

基于模糊综合评判法周围计算连通的生产井有 TK650、TK7-622、TK603CH、TK610 和 TK717CH 共 5 口井。其中 TK717CH 连通性最强为 29.8%；TK650 和 TK603CH 连通性次之，分别为 17.6% 和 15.6%；TK610 和 TK7-622 连通性处于一个连通级别且较弱分别为 8.8% 和 8.3%（见表 7-44）。

表 7-44　TK620 井组连通情况

生产井名	综合连通系数	波动程度	最大波动	连通模式	无因次控制体积	井距/m	井点处储集体类型
TK7-622	0.083	0.822	47.48	缝沟通	0.401	1008.12	缝洞型
TK610	0.088	0.864	47.6	缝沟通	0.262	1454.91	洞缝型
TK603CH	0.156	1.56	8.33	缝沟通	0.082	1890.37	裂缝型
TK650	0.176	2.36	数据点过少，无法计算	缝沟通	0.218	532.59	缝洞型
TK717CH	0.298	2.415	44.81	缝沟通	0.038	1179.02	裂缝型

3) 对比分析

这个时间段示踪剂测试了 6 口井，TK650、TK7-622 和 TK603CH、TK610、TK717CH 连通，主要流通通道是 TK7-622、TK717CH，其次是 TK610、TK650，最后为 TK603CH。基于模糊综合评判法的定量评价连通程度依次为 TK717CH>TK650>TK603CH>TK610>TK7-622，示踪剂测试判断连通程度判断大小顺序与基于模糊综合评价的井组连通程度评价部分一致（见表 7-45）。

表 7-45　TK620 井结果对比分析

井　名	示踪剂测试（劈分系数）	定量评价	备　注
TK7-622	19.0%	8.3%	不一致
TK610	14.9%	8.8%	一致
TK603CH	8.8%	15.6%	数据点少不一致
TK650	10.1%	17.6%	一致
TK717CH	17.2%	29.8%	基本一致
劈分水量井数	共 5 口井	共 5 口井	—

7.3.3　TK649 井组

1) 示踪剂测试情况

TK649 位于 T606 单元、S67 单元以及东北部位的 TK650 区域的结合部位。该井 2003 年 5 月 29 日投产，投产时就见水生产，至今已累计产液 $3.3387 \times 10^4 t$，产油 $1.7538 \times 10^4 t$。该井在钻井过程中没有泥浆漏失和放空现象。

该井组做了一次示踪剂测试，时间是 2011 年 12 月 21 日，判断与 TK611、

T606CX、TK626CX、TK630、TK603CH、S67、TK602 连通，主要流通通道是 S67，其次是 TK630、TK602、TK603CH，最后为 TK611、T606CX 和 TK626CX（见图 7-93）。

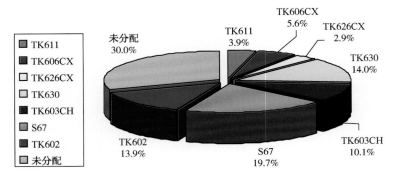

图 7-93　TK649 井组水量分配图

本次监测情况如表 7-46 所示。

表 7-46　TK649 井组示踪剂监测情况

注水井	生产井	背景浓度/cd	突破时间/d	突破浓度/cd	峰值时间/d	峰值浓度/cd	井距/m	推进速度/（m/d）	回采率/%	劈分系数
TK649	TK611	312.8	42	672.7	87	741.6	1393.89	32.42	0.079	0.04
	T606CX	108.2	123	641.4	123	641.4	866.48	6.99	0.022	0.06
	TK626CX	120.9	62	757.7	62	757.7	1072.61	17.03	0.011	0.03
	TK630	127	11	733.5	31	875.6	1475.81	122.98	0.054	0.14
	TK603CH	162.6	66	533.5	153	657.2	751.46	11.22	0.039	0.10
	S67	184.3	17	473	40	608.7	1162.56	64.59	0.077	0.20
	TK602	99.7	3	208.15	131	668.4	1950.58	650.19	0.054	0.14

连通情况如图 7-94 所示。

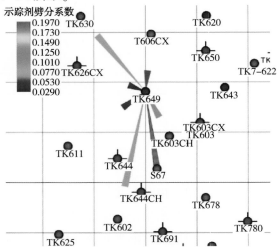

图 7-94　TK649 井组示踪剂测试连通图

7 口连通井的示踪剂浓度曲线如图 7-95~图 7-101 所示。

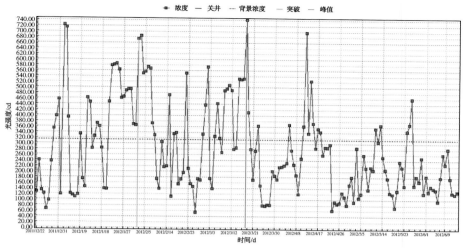

图 7-95　TK611 示踪剂浓度曲线

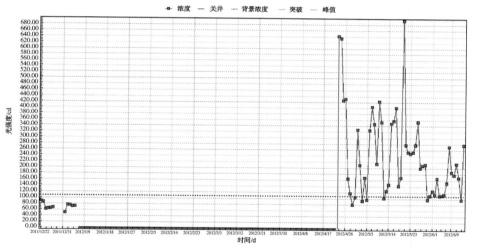

图 7-96　T606CX 示踪剂浓度曲线

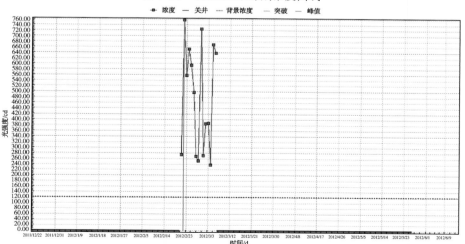

图 7-97　TK626CX 示踪剂浓度曲线

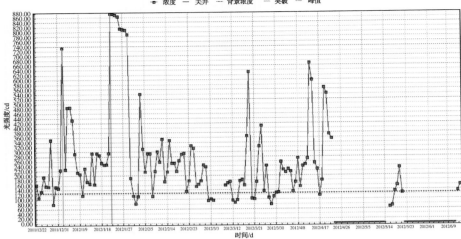

图 7-98　TK630 示踪剂浓度曲线

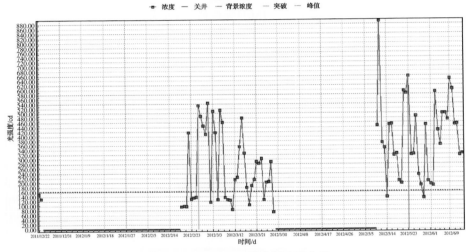

图 7-99　TK603CH 示踪剂浓度曲线

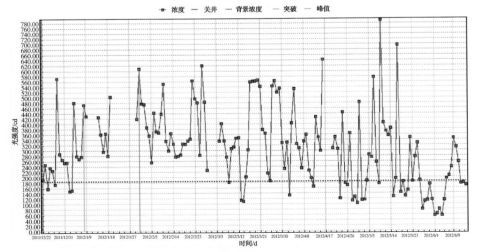

图 7-100　S67 示踪剂浓度曲线

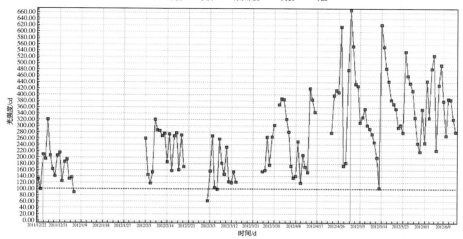

图 7-101　TK602 示踪剂浓度曲线

2）连通程度评价情况

基于模糊综合评判法周围计算连通的生产井有 TK611、T606CX、TK630、TK603CH、S67、TK602 共 6 口井，TK626CX 由于数据点过少，无法计算。其中 T606CX 连通性最强为 25.3%，TK603CH、TK602、TK630 和 S67 连通性次之，分别为 16.4%、13.2%、11.2% 和 9.6%，TK650 连通性最弱为 4.2%（见表 7-47）。

表 7-47　TK649 井组连通情况

生产井名	综合连通系数	波动程度	最大波动	连通模式	无因次控制体积	井距/m	井点处储集体类型
TK611	0.042	0.242	25.53	缝洞复合沟通	0.19	1393.89	缝洞型
S67	0.096	0.774	18.45	缝沟通	0.158	1162.55	洞缝型
TK630	0.112	0.885	49.86	缝沟通	0.126	1475.81	缝洞型
TK602	0.132	2.622	数据点过少，无法计算	缝沟通	0.158	1950.58	缝洞型
TK603CH	0.164	0.77	39.26	缝洞复合沟通	0.021	751.46	裂缝型
T606CX	0.253	2	81.5	缝沟通	0.017	866.48	裂缝型

3）对比分析

这个时间段示踪剂测试了 7 口井，判断与 TK611 井、T606CX、TK626CX、TK630、TK603CH、S67、TK602 连通，主要流通通道是 S67，其次是 TK630、TK602、TK603CH，最后为 TK611、T606CX 和 TK626CX。基于模糊综合评判法周围计算连通的生产井有 TK611、T606CX、TK630、TK603CH、S67、TK602 共 6 口井，TK626CX 由于数据点过少，无法计算。其中 T606CX 连通性最强为 25.3%，TK603CH、TK602、TK630 和 S67 连通性次之，分别为 16.4%、13.2%、11.2% 和

9.6%，TK650 连通性最弱为 4.2%。由于 T606CX 缺数据导致计算有误差，其余井示踪剂测试判断连通程度判断大小顺序与基于模糊综合评价的井组连通程度评价基本一致（见表 7-48）。

表 7-48　TK649 结果对比分析

井　名	示踪剂测试（劈分系数）	定量评价	备　注
TK611	3.9%	4.2%	一致
T606CX	5.6%	25.3%	数据点过少，不一致
TK603CH	10.1%	16.4%	一致
TK602	13.9%	13.2%	一致
TK630	14%	11.2%	一致
S67	19.7%	9.6%	不一致
劈分水量井数	共 6 口井	共 6 口井	—

7.3.4　TK7-631 井组

1）示踪剂测试情况

塔河油田构造位置隶属塔里木盆地沙雅隆起中段阿克库勒凸起西南部。油田经历了多次构造运动，以海西早期、海西晚期形成的两个大不整合面（T60、T50）为界。奥陶系油藏是受构造断裂及在其基础上的多期岩溶控制的，多套缝洞体系在三维空间上叠合形成的碳酸盐岩岩溶缝洞型油气藏。储集空间以溶洞为主；油藏油水关系复杂，局部存在封存水，同时存在底部活跃的大底水。TK7-631 位于牧场北 3 号构造。

该井组做了一次示踪剂测试，时间是 2009 年 7 月 17 日，判断与 T7-615CH、TK647、TK734CH 和 TK730 连通，主要流通通道是 TK647、TK734CH 和 TK730，其次是 T7-615CH（见图 7-102）。

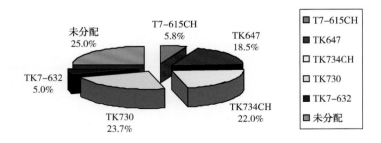

图 7-102　TK7-631 井组水量分配图

本次监测情况如表 7-49 所示。

连通情况如图 7-103 所示。

表 7-49　　TK7-631 井组示踪剂监测情况

注水井	生产井	背景浓度/cd	突破时间/d	突破浓度/cd	峰值时间/d	峰值浓度/cd	井距/m	推进速度/（m/d）	回采率/%	劈分系数
TK7-631	T7-615CH	88.7	91	176.9	94	301.9	1490.01	16.37	0.0009	0.101
	TK647	70.5	51	174.6	112	395.6	1617.53	31.72	0.003	0.185
	TK734CH	77.5	14	316.9	15	719.3	2049.72	146.41	0.0036	0.220
	TK730	115.7	14	267.9	17	746.2	800.52	57.18	0.0039	0.237

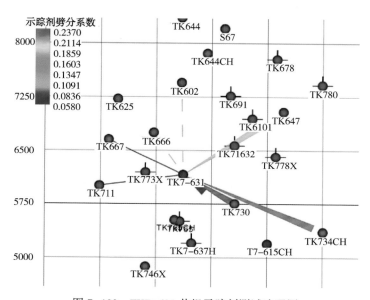

图 7-103　　TK7-631 井组示踪剂测试连通图

4 口连通井的示踪剂浓度曲线如图 7-104～图 7-107 所示。

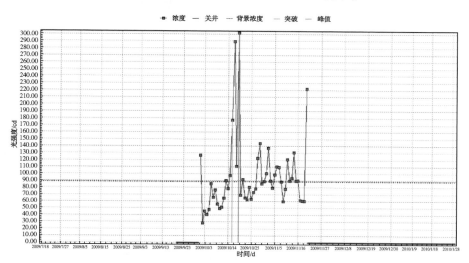

图 7-104　　T7-615CH 示踪剂浓度曲线

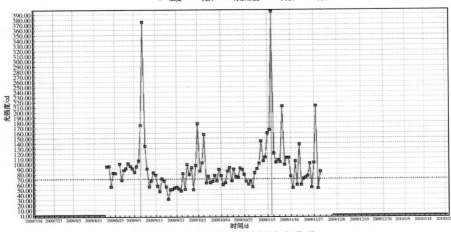

图 7-105　　TK647 示踪剂浓度曲线

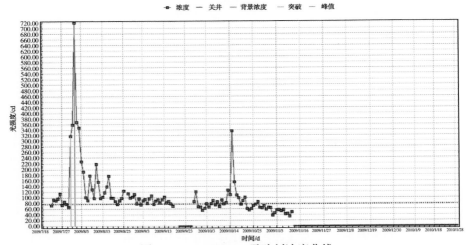

图 7-106　　TK734CH 示踪剂浓度曲线

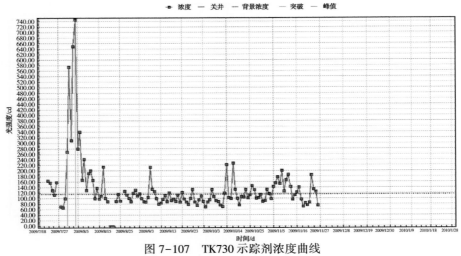

图 7-107　　TK730 示踪剂浓度曲线

2）连通程度评价情况

基于模糊综合评判法周围计算连通的生产井有 T7-615CH、TK647、TK734CH 和 TK730 共 4 口井，其中 TK7-615CH 和 TK730 连通性处于同一级别且最强，分别为 30.1% 和 25.8%；TK647 和 TK734CH 处于同一连通级别，分别为 13.3% 和 10.9%（见表 7-50）。

表 7-50　TK7-631 井组连通情况

生产井名	综合连通系数	波动程度	最大波动	连通模式	无因次控制体积	井距/m	井点处储集体类型
TK734CH	0.109	0.831	38.33	缝洞复合沟通	0.252	2049.72	裂缝型
TK647	0.133	0.865	32.42	缝沟通	0.428	1617.53	洞缝型
TK730	0.258	1.007	52.63	缝沟通	0.146	800.52	裂缝型
TK7-615CH	0.301	2.000	数据点过少	洞沟通	0.174	1490.01	洞缝型

3）对比分析

示踪剂测试了 9 口井，判断与 T7-615CH、TK647、TK734CH 和 TK730 连通，主要流通通道是 TK647、TK734CH 和 TK730，其次是 T7-615CH。基于模糊综合评判法周围计算连通的生产井有 T7-615CH、TK647、TK734CH 和 TK730 共 4 口井，其中 TK7-615CH 和 TK730 连通性处于同一级别且最强，分别为 30.1% 和 25.8%；TK647 和 TK734CH 处于同一连通级别，分别为 13.3% 和 10.9%；TK7-615CH 由于数据点过少，计算存在较大误差，不一致。其余连通井连通程度评价一致（见表 7-51）。

表 7-51　TK7-631 结果对比分析

井　名	示踪剂测试（劈分系数）	定量评价	备　注
TK734CH	22%	10.9%	基本一致
TK647	18.5%	13.3%	一致
TK730	23.7%	25.8%	一致
T7-615CH	5.8%	30.1%	数据点过少，不一致
劈分水量井数	共 4 口井	共 4 口井	——

7.3.5　TK730 井组

1）示踪剂测试情况

TK730 井组位于塔河油田七区牧场北 3 号构造南部，T615 北西 276°55′方位。采油井生产层为奥陶系鹰山组，该区内的储层都钻遇沙或泥质充填的溶洞，说明储层内发育的特殊性。

该井组做了一次示踪剂测试，时间是 2007 年 8 月 27 日，判断与 TK7-632 连通，主要流通通道是 TK7-632（见图 7-108）。

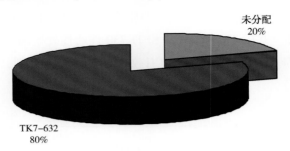

图 7-108　TK730 井组水量分配图

本次监测情况如表 7-52 所示。

表 7-52　TK730 井组示踪剂监测情况

注水井	生产井	背景浓度/cd	突破时间/d	突破浓度/cd	峰值时间/d	峰值浓度/cd	井距/m	推进速度/（m/d）	回采率/%	劈分系数
TK730	TK7-632	70.5	8	872.9	9	1615.3	814.02	101.75	0.0238	0.800

连通情况如图 7-109 所示。

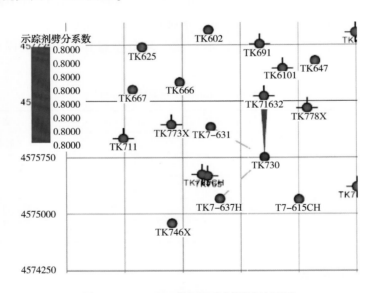

图 7-109　TK730 井组示踪剂测试连通图

1 口连通井的示踪剂浓度曲线如图 7-110 所示。

2）连通程度评价情况

基于模糊综合评判法周围计算连通的生产井有 TK7-632 共一口井，为主要连通通道（见表 7-53）。

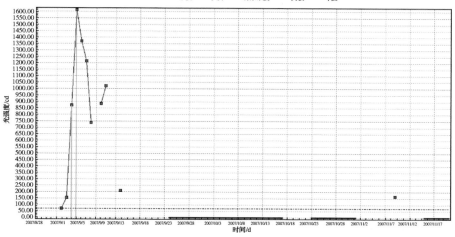

图 7-110　TK7-632 示踪剂浓度曲线

表 7-53　TK730 井组连通情况

生产井名	综合连通系数	波动程度	最大波动	连通模式	无因次控制体积	井距/m	井点处储集体类型
TK7-632	0.8	2.000	27.78	缝洞复合沟通	1	814.02	洞缝型

3) 对比分析

示踪剂测试了 3 口井，判断 TK7-632 连通。基于模糊综合评判法的定量评价连通程度结果为 TK7-632 连通性最强为 80%；示踪剂测试判断连通程度判断大小顺序与基于模糊综合评价的井组连通程度评价一致(见表 7-54)。

表 7-54　TK730 结果对比分析

井　名	示踪剂测试(劈分系数)	定量评价	备　注
T7-632	80%	80%	一致
劈分水量井数	共 1 口井	共 1 口井	——

7.3.6　TK766 井组

1) 示踪剂测试情况

该井组做了 2 次示踪剂测试。第一次示踪剂测试时间是 2007 年 8 月 29 日，判断与 TK734CH、TK746X、TK7-637H 连通，主要流通通道是 TK746X(见图 7-111)。

本次监测情况如表 7-55 所示。

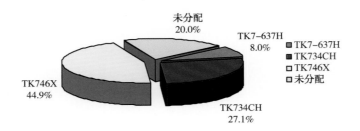

图 7-111　TK766 井组水量分配图

表 7-55　TK766 井组示踪剂监测情况

注水井	生产井	背景浓度/cd	突破时间/d	突破浓度/cd	峰值时间/d	峰值浓度/cd	井距/m	推进速度/(m/d)	回采率/%	劈分系数
	TK734CH	60	211	129.5	211	129.5	1617.83	7.63	0.002	0.271
TK766	TK746X	35.9	220	162.7	221	288.6	1540.61	6.97	0.002	0.449
	TK7-637H	63.8	438	165.7	444	299.4	1281.7	2.9	0.002	0.080

连通情况如图 7-112 所示。

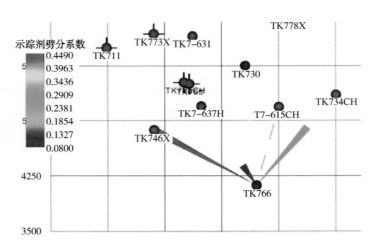

图 7-112　TK766 井组示踪剂测试连通图

3 口连通井的示踪剂浓度曲线如图 7-113~图 7-115 所示。

第二次示踪剂测试时间是 2008 年 1 月 15 日，判断与 TK734CH、TK746X、TK7-637H 连通，主要流通通道是 TK746X(见图 7-116)。

本次示踪剂监测情况如表 7-56 所示。

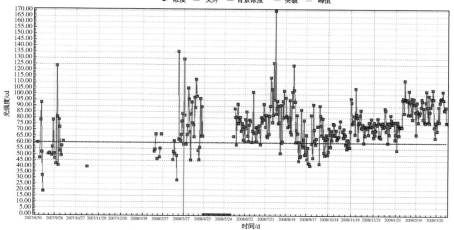

图 7-113　TK734CH 示踪剂浓度曲线

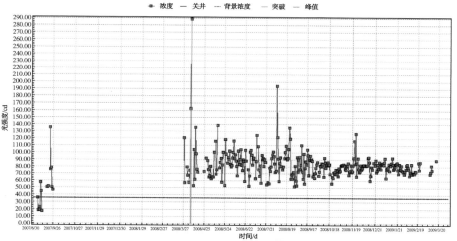

图 7-114　TK746X 示踪剂浓度曲线

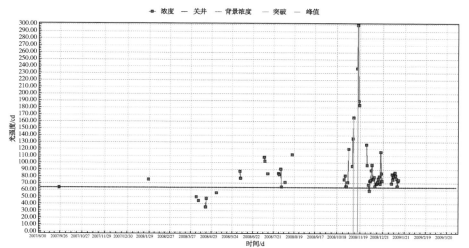

图 7-115　TK7-637H 示踪剂浓度曲线

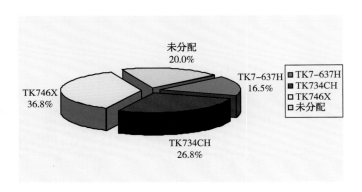

图 7-116 TK766 井组水量分配图

表 7-56 TK766 井组示踪剂监测情况

注水井	生产井	背景浓度/cd	突破时间/d	突破浓度/cd	峰值时间/d	峰值浓度/cd	井距/m	推进速度/(m/d)	回采率/%	劈分系数
TK766	TK734CH	96.7	65	152.6	74	216.3	1617.83	24.89	0.002	0.268
	TK746X	58.6	80	196.2	82	576.9	1540.61	19.26	0.002	0.368
	TK7-637H	51.9	298	172.5	306	665.1	1281.7	4.35	0.002	0.165

连通情况如图 7-117 所示。

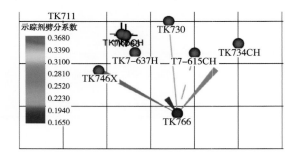

图 7-117 TK766 井组示踪剂测试连通图

3 口连通井的示踪剂浓度曲线如图 7-118~图 7-120 所示。

2）连通程度评价情况

第一次注水，基于模糊综合评判法的定量评价方法周围参与计算连通的生产井有 TK734CH、TK746X 和 TK7-637H 共 3 口井。其中，TK734CH 连通性最强为 33.8%，TK7-637H 连通性次之为 26.2%，TK746X 连通性最弱为 20%，TK7-637H 由于频繁关停井，导致数据点过少（见表 7-57）。

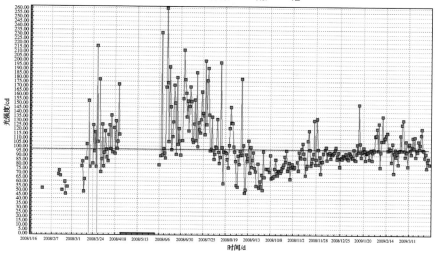

图 7-118　TK734CH 示踪剂浓度曲线

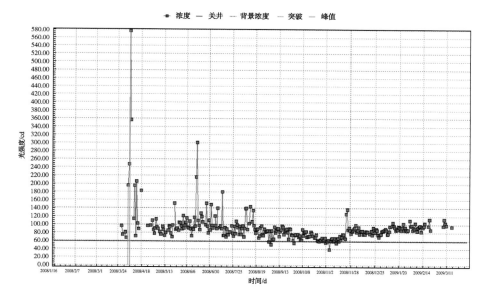

图 7-119　TK746X 示踪剂浓度曲线

表 7-57　TK766 井组连通情况

生产井名	综合连通系数	波动程度	最大波动	连通模式	无因次控制体积	井距/m	井点处储集体类型
TK746X	0.2	0.5	9.79	缝洞复合沟通	0.297	1540.61	缝洞型
TK7-637H	0.262	2.000	7.9	洞沟通	0.626	1297.46	缝洞型
TK734CH	0.338	0.358	27.94	缝洞复合沟通	0.077	1617.83	裂缝型

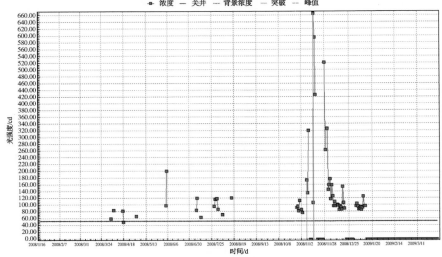

图7-120　TK7-637H示踪剂浓度曲线

第二次注水，基于模糊综合评判法的定量评价方法周围参与计算连通的生产井有 TK734CH、TK746X 和 TK7-637H 共 3 口井。其中 TK7-637H 连通性最强为37.6%，TK7-637H 连通性次之，为 26.4%，TK746X 连通性最弱，TK746X 由于频繁关停井，导致数据点过少（见表7-58）。

表7-58　TK766井组连通情况

生产井名	综合连通系数	波动程度	最大波动	连通模式	无因次控制体积	井距/m	井点处储集体类型
TK746X	0.16	0.567	17.69	缝洞复合沟通	0.297	1540.61	缝洞型
TK7-637H	0.264	2.000	数据点过少	洞沟通	0.626	1297.46	缝洞型
TK734CH	0.376	0.666	34.84	缝洞复合沟通	0.077	1617.83	裂缝型

3）对比分析

第一个时间段示踪剂测试了 4 口井，3 口井连通，其中 TK746X 连通性最强，其次为 TK734CH，最弱的为 TK7-637H。基于模糊综合评判法的定量评价方法周围参与计算连通的生产井有 TK734CH、TK746X 和 TK7-637H 共 3 口井。其中 TK734CH 连通性最强为 33.8%，TK7-637H 连通性次之为 26.2%，TK746X 连通性最弱分别为20%，TK7-637H 由于频繁关停井，数据点过少，导致计算结果与示踪剂测试结果不符，其余两口井结果与示踪剂结果基本一致（见表7-59）。

第二个时间段示踪剂测试了 4 口井，3 口井连通，其中 TK746X 连通性最强，其次为 TK734CH，最弱的为 TK7-637H。基于模糊综合评判法的定量评价方法周围参与计算连通的生产井有 TK734CH、TK746X 和 TK7-637H 共 3 口井。其中 TK746X 连通性最强为 37.6%，TK7-637H 连通性次之，为 26.4%，TK734CH 连通性最弱。

其中，TK746X计算结果与示踪剂测试结果不符，其余两口井结果与示踪剂结果一致（见表7-60）。

表7-59 TK766结果对比分析

井　名	示踪剂测试（劈分系数）	定量评价	备　注
TK734CH	27.1%	33.8%	一致
TK746X	44.9%	20%	一致
TK7-637H	8.0%	26.2%	数据点过少，不一致
劈分水量井数	共3口井	共3口井	—

表7-60 TK766结果对比分析

井　名	示踪剂测试（劈分系数）	定量评价	备　注
TK746X	36.8%	16%	不一致
TK734CH	26.8%	37.6%	一致
TK7-637H	16.5%	26.4%	一致
劈分水量井数	共3口井	共3口井	—

7.3.7　S67单元连通性总结

综合S67单元的6个井组（TK603CH、TK620、TK649、TK7-631、TK730、和TK766）定量评价结果：与示踪剂吻合的井有17口，全部井有26口，缺少大量数据的井有6口；去除缺数据的井对综合匹配度为17/20=85%。

根据匹配度可知，基于静动态的模糊综合评判法的定量连通分析方法，可以通过提取注水阶段各类动态生产数据特征和静态地质数据特征，使用模糊综合评判法计算出每口井与注水井的连通大小。该定量连通分析方法能够比较准确地反演出井间连通系数。

参考文献

［1］杨敏．塔河油田4区岩溶缝洞型碳酸盐岩储层井间连通性研究［J］．新疆地质，2004，22（2）：196-199.

［2］刘振宇，曾昭英，翟云芳，等．利用脉冲试井方法研究低渗透油藏的连通性［J］．石油学报，2003，24（1）：73-77.

［3］唐亮，殷艳玲，张贵才．注采系统连通性研究［J］．石油天然气学报，2008，30（4）：134-137.

［4］杨虹，王德山，黄敏，等．示踪剂术在营八断块的应用［J］．油田化学，2002，19（4）：343-345.

［5］廖红伟，王琛，左代荣．应用不稳定试井判断井间连通性［J］．石油勘探与开发，2002，29（4）：87-89.

［6］张钊，陈明强，高永利．应用示踪剂术评价低渗透油藏油水井间连通关系［J］．西安石油大学学报：自然科学版，2006，21（3）：48-49.

［7］Albertoni A，Lake W. Inferring connectivity only from well-rate fluctuations in water floods［R］. SPE 83381，2003.

［8］Yousef A A，Jensen J L，Lake L W. Analysis and interpretation of interwell connectivity from production and injection rate fluctuation using a capacitance model［R］. SPE 99998，2006.

［9］Yousef A A，Gentil P，Jensen J L，et al. A capacitance model to infer interwell connectivity from production and injection rate fluctuations［R］. SPE 95322，2006.

［10］Dinh A，Tiab D. Inferring interwell connectivity from bottomhole pressure fluctuations in waterfloods ［R］. SPE 106881，2007.

［11］Liu F L，Jerry M M. Forecasting injector-producer relationships from production and injection rates using an extend kalman filter［R］. SPE 110520，2007.

［12］石广志，冯国庆，张烈辉，等．应用生产动态数据判断地层连通性方法［J］．天然气勘探与开发，2006（02）：29-31.

［13］金志勇，刘启鹏，韩东，等．非线性时间序列井间连通性分析方法［J］．油气地质与采收率，2009，16（01）：75-77.

［14］邓兴梁，曹鹏，李世银，等．缝洞型碳酸盐岩油藏连通性识别方法探讨—以轮古西潜山油藏为例［J］．重庆科技学院学报（自然科学版），2012，14（03）：71-74.

［15］金佩强，李维安．根据水驱中井底压力波动推断井间连通性［J］．国外油田工程，2008（05）：15-18.

［16］廖红伟，王凤琴，薛中天，等．基于大系统方法的油藏动态分析［J］．石油学报，2002（06）：45-49.

［17］赵辉，李阳，高达，等．基于系统分析方法的油藏井间动态连通性研究［J］．石油学报，2010，31（04）：633-636.

[18] 邓英尔，刘树根，麻翠杰．井间连通性的综合分析方法[J]．断块油气田，2003(05)：50-53.

[19] 戚明辉，姜民龙，张小衡．利用类干扰试井研究塔河油田井间连通关系[J]．内蒙古石油化工，2009，35(23)：127.

[20] 闫长辉，周文，王继成．利用塔河油田奥陶系油藏生产动态资料研究井间连通性[J]．石油地质与工程，2008(04)：70-72.

[21] 赵辉，姚军，吕爱民，等．利用注采开发数据反演油藏井间动态连通性[J]．中国石油大学学报(自然科学版)，2010，34(06)：91-94.

[22] 陶德硕．水驱和聚合物驱油藏井间动态连通性定量识别研究[D]．北京：中国石油大学，2011.

[23] 王曦莎，闫长辉，易小燕，等．塔河4区奥陶系碳酸盐岩油藏井间连通性分析[J]．重庆科技学院学报(自然科学版)，2010，12(03)：52-54.

[24] 康志宏，陈琳，鲁新便，等．塔河岩溶型碳酸盐岩缝洞系统流体动态连通性研究[J]．地学前缘，2012，19(02)：110-120.

[25] 胡广杰，杨庆军．塔河油田奥陶系缝洞型油藏连通性研究[J]．石油天然气学报(江汉石油学院学报)，2005(02)：227-229.

[26] 李宗宇，杨磊，龙喜彬．塔河油田奥陶系油藏地层压力分析[J]．新疆石油地质，2001(06)：511-512.

[27] 周波，蔡忠贤，李启明．应用动静态资料研究岩溶型碳酸盐岩储集层连通性—以塔河油田四区为例[J]．新疆石油地质，2007(06)：770-772.

[28] 郭康良，邹磊落．应用脉冲试井分析低渗透油藏井间连通性[J]．长江大学学报(自科版)理工卷，2007(03)：39-41.

[29] 张明安．油藏井间动态连通性反演方法研究[J]．油气地质与采收率，2011，18(03)：70-73.

[30] 顾昱骅．地理时空大数据高效聚类方法研究[D]．杭州：浙江大学，2018.

[31] Johnson T D, Belitz K, Lombard M A. Estimating domestic well locations and populations served in the contiguous U. S. for years 2000 and 2010. [J]. Science of the total environment, 2019, 687(3)：1261-1273

[32] 苏勇，张青川，伍小平．数字图像相关技术的一些进展[J]．中国科学：物理学 力学 天文学，2018，48(09)：29-53.

[33] 李晨霖，王仕成，张金生，等．基于改进的kriging插值方法构建地磁基准图[J]．计算机仿真，2018，35(12)：262-266.

[34] Qu Rui, Xiao Keke, Hu Jingping, et al. Predicting the hormesis and toxicological interaction of mixtures by an improved inverse distance weighted interpolation. [J]. Environment international, 2019, 130：1-8.

[35] 孙瑶．基于FPGA图像显示的双线性插值算法的设计与实现[D]．南京：东南大学，2017.

[36] 冯波，陈明涛，岳冬冬，等．基于两种插值算法的三维地质建模对比[J]．吉林大学学报(地球科学版)，2019，49(04)：1200-1208.

[37] 柴国亮，苏军伟，王乐．一种保持二阶精度的反距离加权空间插值算法[J]．计算物理，2020，37(04)：393-402.

[38] Cástor G, Andrés J, Fabián A R, et al. SINENVAP: An algorithm that employs kriging to identify optimal spatial interpolation models in polygons[J]. Ecological Informatics, 2019, 53: 1-8

[39] 李海涛, 邵泽东. 空间插值分析算法综述[J]. 计算机系统应用, 2019, 28(07): 1-8.

[40] 苑希民, 薛文宇, 冯国娜, 等. 基于自然邻点插值计算的溃堤洪水二维模型[J]. 南水北调与水利科技, 2016, 14(04): 14-20.

[41] 闫国亮. 基于数字岩芯储层渗透率模型研究[D]. 青岛: 中国石油大学(华东), 2013.

[42] 韩征, 粟滨, 李艳鸽, 等. 基于蒙特卡洛模拟的图像预处理增强算法(英文)[J]. Journal of Central South University, 2019, 26(06): 1661-1671.

[43] 陶明霞, 钱广, 马仁安. 沥青路面裂缝自动检测算法[J]. 吉首大学学报(自然科学版), 2018, 39(02): 55-58.

[44] 史聪伟, 赵杰煜, 常俊生. 基于中轴变换的骨架特征提取算法[J]. 计算机工程, 2019, 45(07): 242-250.

[45] 黄杭. 浅谈 Dijkstra 算法与 Floyd 算法[J]. 中国新通信, 2019, 21(03): 162-163.

[46] 李宝凤, 郝璞玉. 基于 Dijkstra 算法的一类最长路问题的一种改进算法[J]. 唐山师范学院学报, 2019, 41(03): 35-36.

[47] 陈国灿, 罗贤兵, 张校域. 裂缝多孔介质中达西流动的有限差分方法[J]. 西南师范大学学报(自然科学版), 2019, 44(05): 28-33.

[48] 盛军, 阳成, 徐立, 等. 数字岩芯技术在致密储层微观渗流特征研究中的应用[J]. 西安石油大学学报(自然科学版), 2018, 33(05): 83-89.

[49] 王子强, 郭慧英, 魏云, 等. 数字岩芯渗流路径的特征研究[J]. 太赫兹科学与电子信息学报, 2018, 16(05): 897-901.

[50] 罗志鹏. 阈值分割法在数字岩芯中的应用研究[J]. 当代化工研究, 2018(12): 66-67.

[51] 赵玲, 石雪, 夏惠芬. 数字岩芯孔隙网络模型的构建方法[J]. 科学技术与工程, 2018, 18(26): 32-38.

[52] 闫国亮. 基于数字岩芯储层渗透率模型研究[D]. 青岛: 中国石油大学(华东), 2013.

[53] 张伟, 覃庆炎, 简兴祥. 自然邻值插值算法及其在二维不规则数据网格化中的应用[J]. 物探化探计算技术, 2011, 33(03): 291-295.

[54] 赵玲, 石雪, 夏惠芬. 数字岩芯孔隙网络模型的构建方法[J]. 科学技术与工程, 2018, 18(26): 32-38.

[55] 徐模. 数字岩芯及孔隙网络模型的构建方法研究[D]. 成都: 西南石油大学, 2017.

[56] 赵秀才. 数字岩芯及孔隙网络模型重构方法研究[D]. 北京: 中国石油大学, 2009.

[57] 何宇. 数学形态学骨架及其提取与重建算法的研究[D]. 武汉: 中南民族大学, 2013.

[58] 江萍, 徐晓冰, 方敏. 基于形态学骨架提取算法的研究及其实现[J]. 计算机应用, 2003(S1): 136-137.

[59] 郑斌, 李菊花. 基于 Kozeny-Carman 方程的渗透率分形模型[J]. 天然气地球科学, 2015, 26(01): 193-198.

[60] 徐鹏, 邱淑霞, 姜舟婷, 等. 各向同性多孔介质中 Kozeny-Carman 常数的分形分析[J]. 重庆大学学报, 2011, 34(04): 78-82.

[61] 王锐. 岩芯结构重建及其渗流规律研究[D]. 武汉: 武汉轻工大学, 2017.

深层碳酸盐岩缝洞型油藏井间连通定量预测技术